色彩の手帳

建築・都市の色を考える100のヒント

加藤幸枝

学芸出版社

はじめに

『色彩の手帳』は「色は苦手」「色は難しい」「色は結局好き嫌いだから」「自分には色選びのセンスがない」と一度でも感じたり、考えたことのある“全ての”人のために制作したものです。
私はこれまで行政や民間企業、そしてさまざまな地域の市民など、多様な立場の方々とともに仕事や活動をしてきました。28年という決して短くはない実務の経験の中で、その地域ならではの景色の持続性について考えるうち「デザイナーとしての自分が何かひとつ、明確に・厳格にものごとを決めることにあまり意味（効果）はないのかもしれない」と感じるようになりました。
もちろん、大小を問わずひとつのプロジェクトの色彩（＋素材）設計を統括的に任され、隅々まで綿密に検討・選定・指定を行うことも多くあります。一方、そのような場合でも仕事をともにする方々の「何を根拠に色を選べば・決めれば良いのか」というあまりにも多くの問いに対し、自身が何かを決めて終わりではなく「色選びの手がかり」や「色の選び方のヒント」をお伝えし、その成果や効果を共有する方が、もしかすると「色彩計画家」としての職能はもっと広く、そして永く活かされるのではないかと考えるようになったのです。
「環境色彩計画」という領域は、1975年、日本で初めて色彩計画家という肩書で仕事を始めた私の恩師、吉田愼悟が海外で方法論を学び、実践してきた新しい分野です。吉田が武蔵野美術大学で学生時代を過ごした1960年代は高度成長期のさなかにあり、日本は工場の乱立による環境汚染や高層建築物の出現によりそれまでの環境を大きく変化させていました。1975年、フランス・パリ在住のカラリスト、ジャン・フィリップ・ランクロ氏のアトリエでの研究留学を終え、帰国した吉田の初めての仕事は、広島大学のキャンパス計画だったそうです。フランスで学んだ「色彩の地理学」に倣い、大学周辺の土や民家の瓦の色等を採集し、「地域のカラーパレット」を新しい計画に展開するという手法はここから始まりました。

「地域には地域の色がある」という指標は私自身にとってとても明確で、その環境が持っている・培ってきた文脈に「まずは」従うという手法は長く私たちの仕事を支えてくれました。一方、大変な速度で変貌し続ける都市や、それに比べ緩やかではあるものの、やむを得ず開発の手を逃れられない地方都市や中山間地域などでも、環境の様相が5年、10年の単位で大きく変化し、地域の色を見出しにくくなっていることも事実です。

自身が頼りにしてきた指針や手法が根底から揺らぐような事態には「まだ」なってはいないと感じるものの、それが建築家や行政の建築・土木担当者等、他の分野の方々と共有しうる「共通の価値」にはなり切れていないとも感じています。

それでも、多くの方が「色彩の検討・選定・決定における明確な指針」を求め苦悩されている状況に対し、自身の経験と実践が役立てられるのではないか——。『色彩の手帳』は、そのような現代の課題に対し、決してひとつではない「最適解」を「読者の方が自ら」導き出すためのヒント集です。
何色が良いか、どの組み合わせがベストなのか。私自身もこれ、という明確な答えは持ち合わせてはいません。それでも、本書に示したいくつかの見方や考え方、ある環境が持つ法則などには、数多くのヒントが詰まっています。
どうかぜひ楽しみながら、たくさんの答えを見つけ出していただけると、大変嬉しく思います。
何せ100項目ありますので、少なくともこのうちの2つや3つは、必ず何がしかの役に立つのではないかと思う次第です。
本書はまた、一応3つのパート・9つのテーマに分類していますが、同時にどこから読んでいただいても良い構成も意識しています。全体を通してのテーマは「色と色の間で起きていること」です。パートごとのつながりはもとより、項目同士の「つながり」や「関係性」についても、点と点をつなぐようにして、読者の皆さんの手で「編集」していただけると良いなと考えています。
一度読んで面白かった・おしまい、ではなく。たとえば何かの折に本書を取り出し、ぱっと開いた頁から、色の見方や選定の方法を考えてみる——。そんな自由で、楽しい使い方も想定（妄想？）しています。
それでは、色を見る・色彩を体感することから始めて参りましょう。
観察と検証、実践の先には、決して好き嫌いやセンスの問題ではない、多様で時にがらりと変化し、私たちを飽きさせることのない色彩環境が待ち受けているはずです。

加藤幸枝

＊ 本書にはいくつか、マンセル値を記載した色票や色票を使った測色の様子などを掲載していますが、いずれも印刷による再現につき、実際の色や数値とは若干のずれがあります。色票はあくまで参考として、ご活用ください。

＊ 色についての表記は、マンセル表色系のシステムに準拠しています。たとえば色相（色合い）を表す場合、黄赤（きあか）系はYR（イエローレッド）系のようにアルファベットで表記しています（赤=R、黄=Y、緑=G、青=B、紫=P、となります）。表記や分類について、詳しくはⅤ「基本となる色の構造」で解説していますので、合わせてご参照ください。

もくじ

Part 1

色を知り／色を考えるための50のヒント

イントロダクションでもあるIは、これまで多くの方から質問されたり尋ねられたことを中心に構成しています。

時に、いささか頭ごなしに色彩の役割を否定されたり、あるいはとにかく目立てば良い、さらには色（ごとき）で何かをコントロールしようとは何ごとか、といった意見をぶつけられたこともありましたが、色彩計画はこういう視点で環境を見ているのだということに、ぜひ耳を傾け、目を向けてみてください。

I

環境色彩デザインの考え方

01

これさえあれば

Jakarta, INDONESIA, 2012

配色を検討したり、指定色を選定する際の基準となる色見本帳は何が良いですか？と聞かれることが多くあります。
色見本帳にはさまざまな種類があります。収録されている色数が多ければ多いほど、豊かな発想や創造の助けになりますが、本格的なものは高価ですし、何より色数が多いと重く、かさばるため持ち運びが不便です。
お薦めするのは日本塗料工業会が発行している「塗料用標準色見本帳（ポケット版）」。これさえあれば、建築・土木設計の色彩調査や検討・指定は十分に事足ります。常に携帯し、どこへ行っても、このようにさっと取り出して色を測ることが習慣になりました。特に海外での調査の際は「いったい何をしているんだ？」と注目が集まります。

色のものさし

日本塗料工業会（日塗工）の塗料用標準色見本帳にはワイド版もあり、こちらは1色につき12枚のチップを切り取って使うことのできる、色の指定や現場での色彩管理に役立つものです。
色見本を使う目的は大きく2つあり、ひとつは色を選定したり指定したりするため。もうひとつは「色のものさし」として、調査や確認を行うためです。市販のものでなくても選定や指定等は可能ですが、調査等の際は「ものさし」としての「尺度」が明確であることが必要ですから、表色系をベースとした色見本帳が適しています。できればそれぞれの目的に応じて色見本帳も使い分けたいものです。また建材の既製品を選定する場合には、製品ごとにメーカーの見本帳が用意されていることが多く、検討から選定や指定まで、1冊の見本帳が多くの役割を担っています。
調査のためか、方針を検討するためか、指定色・塗装色を選ぶのか、着色された製品を選定するのか。その目的を明確にすることが重要です。塗料用標準色見本帳は、2年に1度、新色の追加や削除が行われており、この数年の改訂内容を見てみると、より高明度・低彩度の色群の充実が図られていることがわかります。
インドネシアでの仕事の際、現地の塗装見本帳を見てその鮮やかな色調のラインナップに大変驚きました。日本の色見本帳は色番号やマンセル値など制作・管理のためのデータが記載されているものが一般的ですが、海外の色見本には番号の他、色名がつけられていることが多くあります。インドネシアの塗装見本にも動植物や自然の現象が色名となったものが多く見られ、その国の風土や文化が反映されていると感じました。

02

その地から採集する

Oshino Village, Yamanashi Prefecture, 2012

サンプルからどの色を選ぶべきか、選べば良いのか。
アドバイザーの立場になると、実にさまざまな場面で色選びに困窮されている状況に出くわします。
使用する色は最終的には現場で決める。これが何よりの近道です。
馴染ませる場合も、目立たせたい場合も。どの程度、というのは周囲にある色との関係性で決まるためです。対象物と、周囲にあるものとの「色の距離」は近い方が良いか、離した方が良いか？色と色の間にある「適切な距離感」を見極めることを、いつも意識しています。
写真は、山梨県忍野（おしの）村に整備中の遊歩道手摺の塗装色を検討した際のものです。行政や工事の担当者とともに、サンプルと周辺の環境を比較しながら、左の２色を候補色として絞り込みました。

環境を、状況をよく「みて」考える

「(建築を計画する)敷地を見に行くときは、まずはひとりが良い」と、建築家の内藤廣氏が講演会で話されていたことをよく覚えています。誰かと一緒だと、ご自身が何かを感じたり考えるよりも先に、他の人の感想などが入ってきてしまうことを嫌ってのご発言でした。私も視察や調査はなるべくひとりが良く、色々観察をしながら・考えながらその環境を「みる」ことを大事にしています。みるには「見る」の他、「観る」「診る」などがありますが、現地調査は医者が患者の様子を「診る」ことに近いように感じます。具体の症状が目に見えることもありますし、見た目は元気そうでも詳しく検査(調査)をしてみなければ、目に見えない部分で起こっていることの原因がわからないことも多くあります。

現代はITの発展により(ネットに接続できる環境と受像機があれば)世界中さまざまな地域の地形やまちなみを見ることができます。画像から得られる情報が初期情報として十分であることは間違いありませんが、一方で「その場の雰囲気」は、実際に現地へ出向いた際のちょっとした匂いから感じる季節感、音等も含め、やはり自身の体感から読み解きが始まります。

近年、公共事業の景観検討に関わることが多くなりました。歩道の手摺の色ひとつ決める場合でも、管理を直轄する国や県・市町村などの担当者、設計・施工者まで関係者は多岐に渡り、会議や現地確認への出席者が10名を超えることも少なくありません。

私は公共物の色彩において、検討・決定のプロセスを多くの関係者が共有することの意義は大きいと考えています。ですので時には大勢でも現地に行き、色票やサンプルを元に現地で考える、ということを実践しています。

03

今現在、をまずは尊重してみる

Fujiyoshida City, Yamanashi Prefecture, 2016

写真は山梨県富士吉田市のまちなみです。戦後に多く建てられた看板建築（商店併用住宅）が建ち並んでいます。古い建物の外観から推測すると、当初はモルタル仕上げが主流だったようですが、改修の際塗装が施されたり、タイルやパネルで覆われたりしているものも多く見られます。

こうした場合、建設当初の仕上げや色を頼りにする方法ももちろんありますが、変遷の中で明るめの基調色へと移行してきたことも地域の特徴のひとつである、という捉え方もあります。

富士吉田市では、いくつかの住宅や店舗の改修においてアドバイスに関わりましたが、この「今現在」のまちなみを意識し極端に暗い色や派手めの色を避けることを方針とし、助言・指導を行いました。

現地調査から読み解くべきこと

まずは現地調査。どんな仕事においても、これが基本となります。敷地の周りを歩いたり、少し離れた場所から眺めてみたり。そうした時間を過ごすうちに、徐々にその場所が持つ「雰囲気」が感じられるようになります。
その場所が持つ特徴の捉え方は、歴史的な背景や土地利用の変遷などが頼りになることは間違いないのですが、色彩の検討の場合は特に「今、目の前に見えている現況がどのような状況か」ということが重要であり、その状態をどう見極めるか、ということを意識しています。
隣に・背後にどのような色がどのくらいの規模で存在しているのか。基調となっている色相（色味）や明るさ・暗さの程度。大きくはこの2点を見て（実際に測って）います。次に素材や建材が持っているテクスチャー（質感）。周辺環境との関係においては単色が占める割合（面積）なども重要なポイントで、いわゆるヒューマンスケールとつながりますが、周囲と同じ色でも・穏やかな色でも面積が大きいと、馴染んでいるようでも単調に、場合によっては圧迫感が強調されて見える場合もあります。
建築設計においても現地調査は欠かせない作業だと思いますが、以前建築家の方とまち歩きをした際、見ている場所や部分が全く異なることにお互い驚きました。工法や形状、バランスやフォルムなどを見ている建築家の視点は「なぜこれがここにあるのか」という必然性や合理性、あるいは設計者独自の解釈を紐解くことに向かっているのだ、と感じました。
一方、色彩計画家の視点は似た部分はあるものの「ここにどういう秩序があるのか」という、さまざまな要素の組み合わせを探し出す部分に重きを置いている点が特徴である、といえそうです。

04

秩序と多様性

Firenze, ITALY, 2010

写真下段のカラーパレットは、イタリア・フィレンツェで採集した外壁塗装の欠片によるものです。この色群からは、

- 色相にはやや幅があるが、暖かみのある暖色系が中心
- 明度は中明度色（6程度）が中心で、高明度色はアクセントに（小面積で）使用されている
- 彩度は低彩度を中心に、暖色系ではやや色味を感じる中彩度（6程度）も見られる

といったことが読み取れます。

地域にはその地域ならではの、秩序や法則がある

2004年に景観法が制定された際、都市計画や建築の専門家の方々の反応は実にさまざまでした。特に色彩に関しては自治体ごとに具体的な数値基準が定められるようになったことで、規制すなわち自由な創造や創作の妨げ、と受け取られる方も多かったように思います。
よく聞かれた意見としては「まちは多様であるべき」「市街地など、もう色のコントロールができる状態ではない」「色だけ頑張ってもまちは美しくならない」等々。私としては、そんなに皆さん色彩に興味があったのかと思うほど、法による色の規制に対し反対の意見を多く耳にしました。
もちろん、私自身も多様性はあって然るべきだと考えます。1色で統一されたまちなみなど、無味乾燥で味気ないものでしょうし、規模や用途ごとに「ふさわしさ」も異なるはずです。ですが日本や海外のさまざまなまちの色彩調査を重ねてきた結果、その環境に蓄積されてきた「まちの色」という情報の中には、やはり何らかの秩序が存在する、と感じることが多くあることも事実です。
何らかのルールがあるからこそ、クリエイティビティや多様性が成り立つ、ということを、たとえばサッカーに当てはめて考えてみてはどうでしょう。コートの大きさ・11人・手は使わない・45分ハーフ等々。そのゲームにふさわしいルールがあるからこそ、個々が力を発揮できるという側面があるのではないでしょうか。ただし、ここでいう秩序（ルール）とはくれぐれも「これ」でなければならない、ということではなく「このくらい・このあたり」という幅のあるものです。
もちろん、時流の変化や国際化に合わせ、ルールを改訂した方が多くの人たちがよりゲームを楽しめるようになる場合もあります。

05

情報↓文脈↓意味

Wuhan City, Hubei Province, CHINA, 2014

色はさまざまな情報を持っています。
それがある文脈に（適切・的確に）位置づけられたとき、私たちはそこに意味を見出すことができます。
中国湖北省の武漢市での現地調査の際、武漢大学ではちょうど卒業式が行われていて、鮮やかな揃いのジャケットを着た学生たちとすれ違いました。振り返ると、屋根に使われている瓦の色とリンクしていることに気がつきました。後で現地の方に話を聞くと、この釉薬の瓦は武漢大学のシンボルで、他の建築物には使われていないとのことでした。

なぜ、それがその色なのか。
小さな意味が、目の前にある世界を鮮やかに映し出すこともあります。

決定の根拠となる文脈を読み解き、位置づける

建築設計において「(決定の根拠となり得る) 文脈」をどう扱うか、という議論は、長い歴史の中でとても重要な意味を持つテーマのようです。気候・風土の側面から社会的・文化人類学的な側面まで幅広く検討されながら、建築の成り立ちと場所との関係が語られ、文脈が読み込まれた・意識された空間や環境がさまざまな建築家によってつくられています。

「文脈は読み解くもの」と考えるとき、やはり設計する側が何がしかの意図を持って「文脈に関わりを持つ」ことが大切であり、文脈に置かれた個々の意味や意味同士の「つながり具合」が設計に反映されているか、文脈に即した何らかの雰囲気をつくり出せているか否かがデザインの評価のポイントになるのではないか、と考えます。

色はそれ自体何がしかのイメージを持ち、そのイメージから意味が派生することが多くあります。これは時に手がかりであり、時に厄介なものですが、長くその環境にある物事とその色が持つ情報とがつながり、見ているものの成り立ちが理解できたとき、私たちの感情は深い感動へと導かれることがあります。

武漢市での体験もそうでした。特徴ある瓦の色が大学のシンボルカラーであるということを知らなければ、このように長く記憶に残ることはなかったと思います。

こうした経験から、文脈に「適切に」色の持つ情報を位置づけることは「記憶に残る光景」をつくる上で大変重要である、ということを学びました。そして文脈の読み解きや位置づけにもそれぞれ距離の取り方があり、情報をどこに位置づけ・何と関わらせるかという接続の具合が、時間に触れられるような環境や空間をつくるのではないか、と考えています。

06 色の役割

Kosyu City, Yamanashi Prefecture, 2016

写真は５月のある日、山梨県甲州市にあるブドウ園で出会った景色です。まるで模様が描かれたような地面は、頭上に張り巡らされたブドウの木の影が映し出されたものです。
ここに色やパターンがなくとも（ない方が）、十分に色気のある環境となっている、と感じます。
色はとかく「寂しくないように」や「何かアクセントがほしい」という理由から、計画に欲せられることが多くあります。そのことが良くない、というわけではありませんが、色があることによってどのような効果がもたらされるかということから始めてみてはどうか、と考えています。

色は環境や形態、意匠の印象をどう変えるのか

美術大学へ通う学生の頃、ひたすらに手を動かして色彩の現象性を体験する、という演習課題に数多く取り組みました。
色彩の相互作用により、色彩の見え方が常に変化していく様子（状態）を丁寧に観察したり検証する時間は、無の状態から平面・造形作品を生み出すことが苦手だった私にとって大変貴重なひとときだったと改めて感じます。
数々の演習の中で、最も興味を惹かれたのは配色がもたらす「効果」でした。配色が持つ美しさや印象よりも、たとえば「明度の低い色は（明度が高い色と比べると）後退して見える」という効果 →58 を知ると、凹凸による奥行き感を強化できるのでは、という仮説が見えてきます。その反対に「明度の高い色は（明度が低い色と比べると）進出して見える」という効果を知ると、より強調したい部分（のみ）に高明度色を配するのが効果的なのではないか、という仮説を立てることができます。
配色においては、一方の条件が変われば自ずと他方の見え方に影響を与えますので、仮説に対し常に検証を行うことが不可欠です。そうした相互作用の複雑さは色の選定を難しくしている一因であるものの、演習でさまざまな効果を体感してきた自身の経験からすると一度でも「配色とは色と色とが相互に作用し合うものである」という感覚が掴めれば、後は応用にすぎないと思っています。
私は常々、色を選ぶために必要なことは、この相互作用における効果の度合いを計ることなのではないか、と考えています。色を使う・使わないという判断をするとき、色（・配色）が環境や形態・意匠にどのような印象を与え、視覚的・心理的な効果をもたらすかを手がかりにすることで、さまざまな可能性に道筋が示されます。

07
そこに色が必要ですか

Yamanakako Village, Yamanashi Prefecture, 2012 / 2017

写真上段のような状況で、新しく建築物や屋外広告物を設計・デザインする際、どのような色を選べば良いでしょうか。皆、何かを伝えたい（主張したい）し、とにかく他の広告物よりも目立つことが目指されていると推測できますが、こうした状況では、一体どのくらい大きな声を上げれば（伝えたいひとに・素直に）伝わるのか、正直しんどいなあ、と思うことも少なくありません。
なので、まず相手（周囲）の色が持つ効果や影響をできる限り冷静に、よく（徹底的に）観察する必要があると考えています。
何とかして相手の気を引きたい場合。押してもダメなら引いてみる、ということが試され始め、皆で快適な状況をつくり出そうとしている地域も多くあります。

色は「それがどう見えているか」が重要

色を使う仕事をしていながら、色を使うことに躊躇してしまう場面も少なくありません。モノや色が競い合うような環境や状況に魅力を感じることももちろんありますが、あまりに無秩序だったり、ただ目立つことだけが優先されたりした環境や状況に、多様な景色や変化が楽しみにくくなっている、と感じることがあります。
さらに主張の強い色の競演は、その土地や環境が持つ特徴や雰囲気が感じられにくくなる、という側面もあると考えています。ただし、何が何でも多様な色使いや主張の強い色が良くない、と言っているわけではありません。多くの人が例に挙げる繁華街のネオンや屋外広告物、あるいは東南アジアなどの観光地・商業街などに見られる極彩色の競演は、その土地の文化や歴史、そしてその場所に私たちが求める欲望とが相まって、魅力ある印象的な景色をつくり出していると感じます。
山梨県では2012年から富士山の世界遺産登録に向け、県内の各地で修景事業が実施され、私は色彩の観点から助言・指導を行う景観アドバイザーの委嘱を受け、さまざまな事業に携わってきました。富士山を背景に、あるいは気持の良い湖畔を視察しながら「これは本当に観光客や地元の方が求める景色なのだろうか？」と考え、地域の資源や魅力のあり方を行政や地元の方々と議論し、さまざまな取り組みを実践してきました。
左の写真は山中湖畔、上段は2012年5月、下段は2017年9月の様子です。単に広告物ひとつひとつの大きさやデザイン・色が良くない、景観上問題だということではなく、上段の状況（見え方）をどう考えていますか、という問いから始め、地域全体で「景観を良くしていこう」という意識が徐々に根づいた成果です。

08

考え方の拠り所となるもの

Soil sample, 2005

環境色彩計画が色の検討・選定の拠り所としてきたことのひとつに「建築物の基調色は自然界の基調色に倣う」という考え方があります。
一方、この仕事を始めてから何度も、アースカラー＝茶色・ダサい、重い、見飽きた…と多くの人に言われました。
写真は、本当にそういうものなのかなと思ったことがきっかけで、色彩調査のたびに各地で土や砂を拾い集めてきたものです。長くその地にあるものは、どのように組み合わせてもまとまりを持ちそうですし、色のバリエーションも十分すぎるほど多様です。
その環境の基調となっている色群を、選定の根拠として位置づけていく。そして実際に完成したものが「周辺との関係性においてどのように見えているか」の検証を続けてきました。

色の検討・選定のための条件設定

よく色を「使う」と言いますが、それは真っ白な紙面に色を「塗って」いくようなイメージが強いのかもしれない、と思うことがあります。となると、初めに何色を使うかということに対し、科学的・文脈的な根拠よりもある種「勇気」や「覚悟」のようなものが必要になり、「色を使うこと」に対する恐怖心が湧いてしまいそうです。

私は仕事を始めて間もなく「現実にはまっさらな状況（環境）はないのだな」ということを痛感しました。住宅の外装色ひとつを選ぶ場合でも、サッシの色がすでに決まっていたり、既製品のカラーバリエーションが少なく、組み合わせの中で色を考えざるを得なかったり。どの計画にも必ずさまざまな前提条件があり、その条件というフィルターを重ねていくと、自ずと色の選択の幅が「絞られてくる」ということを実感しました。

このように色彩計画は常に「ある条件の元」で考えています。それは「色を使って新しい景色を創造する」というよりも「色彩『計画』を実施することにより、どのような見え方をつくり出せるか」という実験的な意味合いが強くあります。

計画においては確かに色を使ってはいますが、いたずらに多色や印象的な色を使うことが目的ではありません。たとえば配色の教科書には、ベースカラーとアクセントカラー等の組み合わせが示されていたり、調和ある配色の事例が示されていたりします。教科書ゆえ、正解であることには間違いないのですが、上記のようにすでにある色との関係性が加味されていないと、配色の効果が適切に発揮されない場合が少なくありません。

この色が・この状況でどう見えるのか。まずはそのことを意識した方が良い、と考えています。

09

決定に至るまでの要因の整理

Fujikawaguchiko Town, Yamanashi Prefecture, 2017

山梨県富士河口湖町における、修景事業での試みです。
国立公園内に位置する旅館の外観をどのようにすれば、地域の景観に馴染みつつ、より趣のある印象をつくることができるか。オーナーの方の意見も聞きながら段階的なシミュレーションを行い、候補色の検討・提案を行いました。
外観は山小屋をイメージして設計されており、背景の山並みが四季折々、変化することなども考慮し、基調色には自然界の基調色（＝YR系）を用いることになりました。
看板は明度対比をつけ、大きさを抑えつつ誘目性を高めています。この事業では、選択肢をその根拠とともに示してアドバイザーの役割を終えました。下段の写真は、最終的な決定をオーナーに委ねた結果です。

関係者と判断基準を共有する

現地調査を行い、その場所や地域の色彩的な特性を見出していく――。この作業が方針検討の大部分を占めていますが、実際には他にもさまざまな要因が複雑に干渉し合い、判断が難しいことも数多くあります。
要因をどう整理し、最終的に何に重きを置くか。これをしっかりと言語化したり、検証のプロセスを可視化したりすることは、特に公共施設等における検討や決定を行う際、とても重要な役割を担っています。
「デザイナーが良いものをつくれば社会は変わる」。そういう側面があることを否定するつもりはありませんが、長期的な維持・管理という観点が加わる公共施設等においては、自身の手を離れてもごく自然に・当たり前に「できる限り最善の・適切な選択がなされる」ことへの努力や工夫も、デザイナーとして不可欠な視点なのではないかと感じます。
誰かが何となく決めたり、無難に多数決で決めるのではなく、誰もが適切な判断をするための指標や指針を専門家が示し、決めるための手助けをすること。難しいことですし、自分でもそれが果たして地域にとって本当に良いことなのか、未だ明確でない部分もあります。
しかし、現実に多くの地域の方々が「色の選び方・決め方」で悩まれています。何を根拠に・どんな点に留意すれば良いか、という視点を「伝え」「試し」「結果を評価する」だけでも、判断の「精度」は確実に向上するはずです。
「行けるところまでは理詰めで考えろ」とはわが師の言葉です。納得（理解）と実感が結びついて初めて、「自分たちがふさわしいと判断して色を決めた」ということがしっかりと記憶に残る（＝本当の体験となる）のではないか、と考えています。

10 それでも色を使いたいとき

Shibuya Ward, Tokyo, 2008

何か色を使ってみたいときは、「歩行者の目線に近い場所で、動くものに」使ってみることが良いのでは、と考えています →33。
写真のガレージの扉（＝動くもの）に使われていたのは、YR系です。手前に木があり、その樹皮やわずかに見える土の色もYR系で、周囲のものと色相が「リンク」しています。さらに、外装のコンクリートはY系、樹木の緑はGY系。ガレージの扉のYR系を含めると、3つの色が近い色相でまとまっていることがわかります。
もし私がこのガレージの扉に色を使うとしたら、色相は？明度と彩度の具合は？日々、こうしてまちを歩きながら、動くものと動かないものが持つ色彩の良好な関係性について考えています。

その場所にすでにあるものとの関係性を構築する

色を「使う」ことに際し、何をもって成功か・失敗かというのは難しい問題ですが、失敗していない＝うまくいっている、ということを定義するならばやはり「色彩的な調和が形成されているか否か」といえるのではないか、と考えています。
色彩調和にはいくつかの「型」があり、その仕組みや効果を体験してみると、周囲のあらゆるものが何がしかの色彩調和を成していることがよくわかります。
美術評論家であり、解剖学者でもある布施英利さんの『色彩がわかれば絵画がわかる』（光文社、2013年）という著書にも詳しくそのことが解説されていて、西洋絵画などは色相の3色調和・4色調和の法則で「解く」ことができます。ここでいう調和は単なる「型」なので、同じ3色調和でもトーンが全く異なる場合もあります。また3色の選び方も「型」に当てはめられることがポイントなので、何色でなければならないということもありません。
建築外装や工作物などに対しては、すでにあるものの色（相）を考慮し、それらと何らかの関係性をつくることができる色を選べば良い、というのが持論です。左の写真のガレージの扉は適度な主張があり、アクセントとなっています。言語学におけるアクセントとは高低や強弱の配置の意味を持っていますが、色彩学においても色の高低や強弱を配することで、基調色を引き締めたり引き立てる効果がある、と考えることができます。これはあくまで仮説であり、解き方の一例です。調和論で解くことはつまらない、という設計者やデザイナーに数多く出会いました。とはいえ、それでも「使ってみて」その効果を体感してみなければ、その感覚や評価は自身のものとして身につかないのではないかと考えています。

11

それでも失敗したくない、という人へ

色相調和型：ひとつの色相または類似の色相を使いトーンに変化を持たせる配色です。木や土を建材として使用していた日本の伝統的なまちなみにはYR系を中心とした色相調和型が多く存在します（上下図とも、10YR系のみの配色です）。

Hue harmonious color scheme, 2019

色相や濃淡（明度や彩度の高低）の段階的な変化は、私たちが長年見慣れてきた身の回りで起こるさまざまな「状態の変化」に酷似しています。晴天時の夕暮れどき、空の青色が橙色へと変わっていく様子、切り出した木材が風化し色味を失っていく様子、落葉樹が緑から黄、赤へ変化していく様子——。

私たちの暮らしは徐々に周囲の色彩が移り変わり、それが繰り返されることとともにあります。そしてその変化の幅は大変微細かつなめらかであり、常に変化し続けています。

上の図は、色相調和の概念を模式的に表したものです。

色相調和の特徴は、色相（色合い）がまとまりを持つことで、明度や彩度の高低により統一感や連続性の中に変化を生み出せる、という点にあります。

ひとつの色相の、濃淡のみによる変化

建築家や設計者でなくとも、色を選んだり決めたりしなくてはならない立場にいる方は大勢いらっしゃいます。公共施設や設備の維持管理を担当する行政職員の方などは、その最たる例といえるでしょう。そうした立場の方ほど「絶対に失敗は許されない」と思われていたり、どちらかというと消極的に「前（既存）と同じで良い」などと考えられていることが多いようです。
色を使う、という一文については、実にさまざまな意味や解釈があるものだと感じます。中でも複数の色を使う＝乱雑になる、という点に対する懸念が大きいようです。複数の色を用いることが必ずしもカラフルさとイコールにはならず、さらにたくさんの色を使っても一体感や連続性を表現できる方法を紹介します。
その名を「色相調和型（しきそうちょうわがた）」の配色といいます。
前項の続きになりますが、環境色彩デザインにおいてはいくつかの基本的な調和の型があります。どのような配色でも（たとえば対比の強い補色同士等）調和を見出す2次元のグラフィックや絵画等とは異なり、3次元空間では対象物が持つ規模や用途、また建築物が持っている慣例色（素材）等との関係から、特殊な配色は調和を感じさせにくく、調和感よりも見慣れた状況との差違に対し違和感を増大させる要因となりがちです。
色相調和は配色の「型」の中でも最も「調和した印象」を感じやすい配色です。その大きな要因は、どのような色相であれ純色（原色）と白・黒の３色を混合するカラーバリエーションであり、すでに調和した状態の中に明度・彩度の変化がある、という点にあります。

12 色の良し悪し

Study, 2011

まちの色、さまざまな建物の色を見て（測って）いると、一見、これといった特徴が感じられないまちなみにも何がしかの傾向や個性が浮かび上がってくることが多くあります。
色の採集は大抵の場合、外装基調色・屋根色・建具色等、要素ごとに分けて記録していきます。上段の一覧は建築外装に使われている色、という共通項を持っています。次に、採集した色を色相のまとまりやトーン別に並べ替えたものが下段です。基調色に不向きと思われる鮮やかな色は、別枠にまとめました。
一見、傾向が見えない色群もこうして一定の秩序に沿って並べ替え、整理してみると、どの色も本来は等価であり、何らかのまとまりやつながりのありそうなことが見えてきませんか。

色と色彩は、音と音楽のように

色に関わる仕事をするようになり、これまで最も多くされた質問の中に「好きな色は何ですか」というものがあります。いつからかこの質問の答えがすっと出てこなくなってしまいました。好き・嫌い、という基準で色を判断することが、何だかとてももったいないことのように思えてなりません。
ひとつの色自体に美しさや醜さがあるわけではない、と考えています。派手に「見えたり」目立って「見えたり」、なんだかごちゃごちゃして乱雑に「見えたり」しているだけなのでは、と思うのです。
このことは「色と色彩」を分けて考えると、整理がしやすくなります。
たとえば音と音楽のように、音符それぞれはひとつの音階にすぎません。「ド」の音それ自体が良いか悪いか、ということは問題にはならないでしょう。音符がある秩序（譜面）に並べられ、連続してメロディを奏でたとき初めて音楽になるように、色と色彩もそのような関係性を持っている、と考えています。
対象にふさわしい色（・素材）を選定するためには、構造や意匠との相性の他、周辺や背景との関係性を考慮することが重要だと考えています。たとえば裏路地にある呑み屋さんに行くのに、煌びやかなスパンコールを散りばめたドレスが不釣り合いなように。その場所には、どのような装いやメロディがふさわしいのか。外装色は地域や場所に応じて、という考え方が、ひとつの指標になるのではないかと思っています。
（一方では、裏路地で煌びやかなドレス、というドラマチックな光景に惹かれる部分もあります）

赤とまち

色はつくづく、光がその見え方を決めている、と感じます。特に海外に行くと、普段とは違う気候の光の中で「色を体感する」機会が多くあります。
写真は 2015 年、初めてスリランカを訪れた際のものです。赤と黄色という、おそらく有彩色同士では最も視認性の高い配色が至るところに見られました。強い日差しの中で見るそれらの色は、確かによく目立ってはいるのですが、不思議と不快な派手さは感じません。厚みのない生地のテクスチャー、周囲の濃い緑、広告物等の多彩な文字情報、そして光と影のコントラストなどが相まって、図的な・動く（一時的な）色 →33 としての見え方を成り立たせているように思えました。

SRI LANKA, 2015

Hara Museum, 2010

日本国内でもやはり、日差しと色の絶妙なバランスを体感することも多くあります。2010 年に原美術館で行われた企画展のサインは、展示の内容を表すほか、会期中の強い夏の日差しに映える鮮やかさが選択されたのかもしれません。

この章では、さまざまな条件やクライアントからのオーダーに対し、色彩計画で課題を解決したり、求める成果を一定以上のところまで実現できたりしたことの背景にある「配色」の効果や考え方・選び方を、できるだけ具体的にまとめてみました。

配色（色と色の組み合わせ）による効果が裏付けとなることで、色の見え方に新たな解釈や解き方を見出してきました。

II

配色がもたらす効果

13 明るい「印象」はどうすればつくれるか

Hachioji City, Tokyo, 2016

色彩計画の依頼では、とにかく・できるだけ明るくしてほしい、と要望されることがよくあります。ところが全体を均質に明るく（白く）しただけでは、明るく見えない・感じられない場合が多くあります。
明るさ・暗さは周辺の状況によりつくり出される相対的な印象ですから、高明度色が常に明るく見えるわけではありません。光量が少ない（弱い）場合には、比較する対象がないと明るい色でも暗さを感じやすいのです。ならばどのような光の状況でも「明るい印象」が生まれるよう、明るさを引き立てる色（明度差のある色）を組み合わせると効果的だということがわかってきました。
写真上段（改修前）の白と、下段（改修後）の白は、ほぼ同じ明度です。

明るさ•暗さの相対的な関係性

明るい・暗い、という言葉は、環境や空間・状態のみならず人の性格やさまざまな事象の印象を表す言葉として用いられます。暗いという言葉には何となくマイナスのイメージがつきまとい、環境の場合には安全・安心などの性能や感情とも直結しやすいものでもあります。さまざまな機能を高める場合にはとにかく明るくしておけば安全で安心、という心理的な側面もあって、私たち、特に都市部の生活を夜間照明も含めた明るさが支えていることは紛れもない事実といえるでしょう。
一方、一定の状況や適切なコントロールがなされた環境のもとであれば、私たちは暗さを心地良いとも感じます。天井全面に地場の素材である鋳物のフレームワークを展開し、眩しさのない間接照明を多用した博多天神の地下街などはその一例といえるのではないでしょうか。電力のない屋外でも火を焚くと、途端にそこが人の集まる生活の・くつろぎの場となります。暗さがあるからこそ明るさが引き立つ、という両者の関係性は、左頁のように「配色」によって証明することができます。
日々の生活の中で、私たちは明るさに過剰な役割や価値を押しつけすぎてきたのでは、と感じることがあります。色の場合は高明度色にあたりますが、白に代表される明るい色は清潔さや信頼性、現代性などのイメージと相性が良く、日本の高度成長とともに発展してきた近代都市を象徴する色ともいえるでしょう。
明るさも暗さも、人為的に環境を構成する場合は全体の光量の変化も含めた感じ方の形成が重要であり、物理的な数値や機能面ばかりに囚われすぎることは危険かなと感じています。

14
心地良い暗さ

Kurashiki City, Okayama Prefecture, 2017 / Chuo Ward, Tokyo, 2016

黒壁の木造建築物が建ち並ぶ歴史的なまちなみなどでは、その暗さこそが心地良い環境の重要な構成要素である、と思うことがあります。
近年、都市部の高層建築物でも全面に低明度色を展開したものが見られますが、同じ色でも随分と見え方が異なる、と感じます。
単純に古いものが良くて新しいものが良くない、ということではなく、色の心理的な影響なども考慮しながら、この違いを科学的に解くことができればと考えてきました。
色には適切な大きさ（面積）がある（はずだ）、というのがひとつの仮説ですが、それはあくまで比較する対象あってのことで、今後ますます低明度の高層建築物が増え、まちなみの基調をつくる存在になると、心地良さの基準も変わってくるのかもしれません。

大規模・高層建築物の低明度色がもたらす印象

私は暗い色に対し、良い印象や評価を持つことが多くあるのですが、これだけはちょっとどうなんだろう、とこの数年答えが出ないことがあります。大規模・高層建築物の低明度色です。
特に都市部では明るい日中の空を背景とした場合、対比が強調され存在感（圧迫感）が際立った印象を与える場合が多くあるように（あくまで、私は）感じます。
現在のところ手がかりとなるのは、やはりその地域が持っている・地域に形成されてきた環境です。その地域で最も明度の低い色がどのくらいの面積で・どう見えているか、はひとつの指針になり得ます。もうひとつは、段階的に検証を行うこと。その環境下で、その規模・面積で、低明度色がどのような見え方をするのかを考えるとき、初めから限界値に狙いをつけ、それだけを検証しても意味はありません。徐々に暗くしていって、ここ、というボーダーラインを見極めるような決め方が望ましいと考えています。
私がさまざまな場所で測色を行ってきた経験値ですが、コンクリートの明度は6～6.5程度 →79 。マンセル表色系による明度の上限・下限における中間的な明るさであり、建築外装に多く見られる基調色の上限・下限から見てもこれがおおよその中間値です。明度の差が明確に認識されるのは2.0程度ですから、明度4程度で（あくまで、周辺との対比の中で）十分に暗く感じます。そこから少しずつ暗くしていって、どう見えるかを「実際の環境の中で」検証してみることが重要だと考えています。
これまでの経験から、私自身は大規模な建築物の「基調色」としては明度4程度が適切かなと思いますが、ぜひ皆さんも色々な暗さを測って、塩梅を見極めてみてください。

15 高明度色の彩度

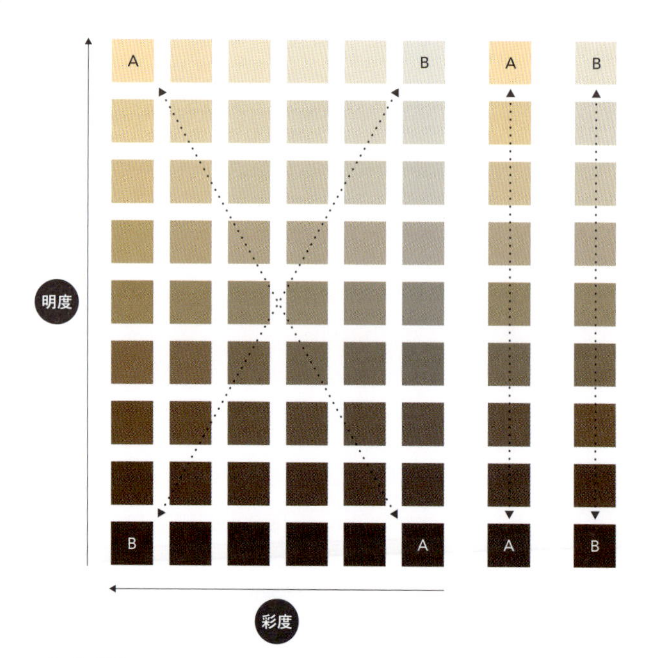

Study, 2019

なめらかな明度のグラデーションをつくってみました。
左の6列は、明度・彩度の変化です。
右のAは、明度が上がるごとに、彩度を上げています。
その右のBは、明度が上がるごとに、彩度を下げています。
彩度の変わらない明度のグラデーションよりも、高明度になるほど彩度を下げていく方が「自然に」見えやすくはありませんか →54 →55。

明るさは色気を呼ぶ

数値が同じ彩度の場合、明度が高い（明るい）方が色気を強く感じやすい傾向にあります。このことから、「（特に高明度色の場合）明度が同等の場合で迷ったら、より低彩度の方を選ぶ」。これも、私たちが長年の経験から導き出したひとつの指針です。
高明度の色気のある色は、清明な印象が好まれることも多いのですが、色気が強く感じられると色相が与える印象と相まって、たとえば鋭角さを持つ形態や物体が持つ固さ・大きさなどに馴染まない場合も多いように感じます。定義はとても難しいのですが、見え方の自然さ、ということを常に考えています。違和感のなさ、ということに尽きるのですが、色の主張が好ましく受け取れる場合は、色気があっても周辺と何かしらの関係性が構築されていたり、変化の程度や幅が対象物や環境に馴染んだりしている場合が多くあります。
最終的な候補の中から決定色を選ぶ際、最後の決め手となるのは「時間の経過に耐えられるかどうか」という点です。建築・構造物などは特に、長く飽きの来ないこと、年齢や性別を問わず多くの人たちに好感を持って受け入れられること、また公共物であれば特にこまめなメンテナンスが難しいこと等も考慮した上で、一定の条件下であれば、色気は「迷ったら控えめ」にした方が良いと考えています。

16 色相が持つ特徴

Kurashiki City, Okayama Prefecture, 2017

たとえば石には、Y 系の色相に該当するものが多くあります。コンクリートもわずかに色味がありますが、これも Y 系です。
その環境に最も多くある色の色相を見極めること。これが違和感をなくすための最も近道である、と考えています。
関係性をつくると、そこにつながりが見出せます。それははっきりと目に見えるものでなくても構いません。さまざまな規模や形があっても、色は何となく一定の範囲が全体のベースになっている。完全な同一ではなく、緩やかなまとまり、おおらかな秩序がある。
そういう範囲を、私たちは「地域の基調色のストライクゾーン」と称しています。

自然素材、現代の素材とも相性の良いY系

色相（色合い）はそれぞれ色ごとに多様なイメージを持っています。そしてそれは大抵の場合、プラスとマイナス、双方のイメージに働きかけるという特徴があります。たとえば赤なら元気な・情熱的な／派手な・激しい、などにそれぞれつながります。何ごとも良くも悪くも、といったところでしょうか。
色相はまた、他の素材や色彩との相性に影響するため、建築や工作物の外装色として使いやすい・馴染みやすい色相がある、と考えることができます。29 で紹介するYR系の低彩度色は建築外装における万能色の代表であり、自然素材（木や土壁、煉瓦等の焼物）と色相が近く、色彩調和を構成しやすい存在です。
一方、特に都市部に建設されるガラスや金属を多用した高層・大規模な建築物や、コンクリートが多用される河川景観等には、YR系よりも赤味のないY系の低彩度色の方が良いのではないか、と感じることが増えつつあります。ガラス →84 は透過性があるため物体の色として数値化することは難しいのですが、素材の特性および日中の空が映り込み、青く見えることなどから、緑や青といった寒色系の印象が強調されます。また、アルミやステンレス等の金属は塗装等により着色したものを除くと色味よりも金属としての素材感（＝無機質さ、硬質さ）の方が優位性を持っています。
こうした寒色系寄り・無垢の建材に対しては、自然素材を連想させ温かみのあるイメージを持つYR系よりもより寒色系に寄ったY系の方が馴染みやすい、と考えることができます。

17 「なかったこと」にする色

Heritance Kandalama Hotel, SRI LANKA, 2015

何人かの建築家の方に、興味深い表現を聞きました。建築設計事務所内のローカルなルールとして「なかったこと」にする色があるのだそうです。それはおおむね明度3〜4程度の無彩色（濃灰）で、基調色として大面積に使用されるのではなく、存在感を消したい柱や手摺、庇などに用いられることが多いようです。
暗い室内からよく晴れた日中の景色を見ていると、外の明るさに目が惹かれ、明度の低い柱の存在が徐々に気にならなくなる、という体験を思い出しました。
低明度色が持つ機能や効果を「なかったこと」という過去形で表現することをとても面白く感じました。そこには、より対象の存在感を消したいのだという強い意志が感じられます。

低明度色の効果や役割

都市は近代化とともに高明度化の傾向を辿っています。建築・構造物の高層化・大規模化とともに、高明度色が、工業製品化・軽量化した新素材の持つ明るく・現代的なイメージと相まってきたことが大きく影響している、と考えています。
[14]「心地良い暗さ」で触れたように、端的にそれが良くないことだと言い切ることはできず、地域ごとに基調色のあり方を検証・検討していく必要がありますが、一方では積極的に「低・中明度色の効果や役割」を議論したり明示したりすることにより、対象や用途・規模に応じたふさわしい色の使い方の目安が広く共有可能なものとして活用されることを考えていきたいものです。
同じく[13]の「明るい「印象」はどうすればつくれるか」で触れたように、低明度色があるからこそ他の要素や明るさが引き立つ、という体験を何度も経験してきましたが、私だけではなく多くの人が同様の経験を味わっていることを左記の「なかったこと」という表現により知ることとなりました。
最も低明度である黒を考えてみると、たとえばお芝居の「黒子」は確かにそこに居るのですが、黒装束をまとうことでそこに居ないものとして扱われるという不思議な存在です。黒（低明度色）はまた、影（陰）を連想させ、闇や死などともイメージが結びつきやすいため、無としての役割を担ってきた、とも考えることができます。
低明度色が与える効果や役割、そしてその色が持つ意味や背景。そこにどのような関係性を見出せるか、が重要なのだと感じます。

18 色彩による統一感と変化の両立

Tsukishima, Chuo Ward, Tokyo, 2017

遠景で少し色気（色味）があるな、と感じる場合は、中景・近景と近づくに従ってより色の印象が強く感じられ、近接するとかなり特徴的な色使いであることがわかります。
そうした色使いは時に地域のランドマークとなり、シンボルともなり得ますが、周辺や既存の外装にはあまり見られない配色は、特徴的であるがゆえ「浮いて」見えたり「目立ちすぎて」見えてしまう場合もあります。
一方、この色気が周囲の建築物にも「継承」されると、この一帯が個性溢れるカラフルなエリアとして特徴的な「群造形」が生み出される可能性もありそうです。あるいは、高層建築物が密集する場合などは、群の中にリズムを与える配色として認識されるかもしれません。

群のまとまりと個々の変化や個性

人工物を距離を置いて眺めるとき、そのシルエットや色などが認知の手がかりになることは確かです。誰かに説明するときも対象を指さし「いちばん背が高いビル」や「あのレンガ色のビル」などと、固有の特徴を抽出し言葉に置き換えることにより、その存在を多くの人と共有することにつながります。

一方、群造形という言葉があります。2016年から東京都の景観審議会計画部会の委員を務めているのですが、その会議の場でも度々登場します。建築家の槇文彦氏の論考によるものだそうで、個々の建築物が集積し群となった際の見え方を考えて設計する、あるいはスカイラインの描き方やファサードの意匠なども群としてどう見えるかという視点が加味された思考です。槇氏の論考からは近代都市の風景をどうつくっていくか・つくるべきかという研究と検証、そして実践の様子を伺い知ることができます。

建築設計における群造形の視点に、色彩も重要な役割を担っていると感じています。個々の主張を否定せず、その上で魅力ある群造形の形成を意識することがその地域らしい景観を形成していく。時間をかけてつくり続けられていく都市だからこそ、そのような概念や試みが成立するのではないか、と先の計画部会の議論を聞いていて感じるところです。

群としての色彩における一定のまとまりは、基調色が担うものです。各地の色彩調査の結果からも明らかですが、どの都市やまちにも建築の基調色には一定の傾向が見られます。一方、個としての個性や変化は、近い距離で感じる「周辺との差異」であり、両者をバランス良く成り立たせる可能性はやはり、基調色の「一定のまとまり」を無視しないことにあるのではないか、と感じます。

19 彩度0.5が助けになる

Katsushika Ward, Tokyo, 2016

建築や工作物の設計において、無彩色は万能、という考えは決して誤りではありませんが、大正解とも言いづらい、と感じてきました。
伝統的な建造物に見られる自然素材の中に完全な無彩色はほぼ見られず、灰色に見える石や白い漆喰なども、それぞれわずかに色味（彩度）があります。
この配色はグレイッシュな色を使っていますが、いずれも彩度0.5程度のウォームグレイです。ニュートラルな印象を持ちながら、周囲のまちなみや自然の緑との馴染みが良い色域です。

つながり・まとまりをつくるほのかな色気

文字通り、色気を感じる有彩色は、何らかのイメージや主張を持ち、何がしかの意味を放ちます。サイン計画などではそうした特性が活かされる反面、屋外広告物などでは行きすぎた色の競演が混乱や混沌とした印象を与えてしまうため、マイナスのイメージがつきまとうこともしばしばです。かといって色味を持たない無彩色が万能かというと、どうしてもそう簡単には割り切れません。
色の3つの属性の中で、特に色相（色合い）と彩度（鮮やかさ）は組み合わせた（配色した）際、調和・不調和の印象に大きな影響を与えます。ですから、まとまりのある状態を構築したい場合は、色相を揃えるとともに全体にその色相の色味をほのかに感じさせつつ、変化はまずは明度でコントロールする、ということが有効だと考えています。
ところがつながりやまとまりという概念は、現代建築の領域ではなかなか理解されにくいということを実務の中で数多く体験してきました。もちろん全てではありませんが、建築家にとっては周囲に合わせるということは「安易にまねる」こととして捉えられ、周囲に馴染むということは「意思なく迎合する」こととして捉えられる傾向もあるようです。どこまでも「より良く・より新しく」あることが創造・構築の本質的な要素として立ちはだかっているのだと感じますし、その精神にももちろん共感する部分があります。
繰り返しになりますが、だからといって性格を持たない（あくまで、単色では）無彩色を使用することが常にベストな選択なのか、ということを考え続けています。

20 目地色による補正と演出

Tile sample, 2017

上の写真の左右のタイルは同じ色ですが、目地の色が異なります。
目地色の影響を受け、タイルの色そのものも異なって見えてしまいます。これは色彩の同時対比といい、図と地（目地とタイル）の色の相互作用によるものです。写真のせいだとか、何を騙そうとしているのかとか…言われますが、誰が見てもこのように見えてしまう「色彩の現象性」のひとつです。
あらゆる事象に影響を受けたくない、というのがものをつくる人の心理かもしれませんが、周囲が変化し続ける環境の中に出現するのであれば、そうした影響を考慮し場合によっては「補正」したり「対比を効果的に」見せたりしていく、という考え方もあるように思います。

部分による全体のコントロールの可能性

スーパーなどで売られているみかんのネットは鮮やかな赤色ですが、これは果実の黄赤をより鮮やかに見せるためという色彩の心理的な効果（彩度の同化現象）が応用されています。これは別に騙そうなどということではなく、みかんらしい色に見えるように補正している、と捉えることができます（…それがあまりに行きすぎると騙された!となるので注意が必要な場合もあるのですが）。
タイルと目地の関係もやはり相対的な関係性であり、どう見えるのが正解、というものではありません。同化して面として見せるのがふさわしい場合もあれば、目地色に対比を持たせることによりタイルの色の印象がガラッと変わり、タイル単体で見ている状態よりも表情が豊かに感じられる、といった思わぬ効果をもたらす場合もあります。彩度対比を大きくすると、タイル自体の色味が強調されて見える場合もあり、目地色によるバリエーションで全体の変化をつくっていく、というデザインの可能性も考えられます。
正しい印象に見せるための補正と、演出の境目はどこにあるのでしょうか。特定のものに対し多くの人が持つイメージの範疇が補正で、元の印象に変化を与えたり、元のイメージ以上の表現をすることが演出、ということはできそうです。
私たちも、タイルの目地に関しては２色なり３色なりを実際にタイルに詰めて比較してみないと最終的な判断はできません。経験とともにおおよその予測はできるようになってくるものの、毎回この作業は楽しみで、でき上がった見本を目にすると色彩の相互作用は本当に奥が深いなとしみじみ感じます。

21 色とかたち①

Adachi Ward, Tokyo, 2016

バルコニー手摺の形状が特徴的な団地の色彩計画事例です。
手前に出ている部分の色を変えることで、斜めの部分により明確な陰影を与え、立体感を強化することを試みました。
板状の住棟が連続する見え方は、やや圧迫感が強調されていましたが、低層部分に目を向けるとケヤキ並木が見事に生育し、団地の中庭を取り囲んでいました。
そこで、低層部は四季折々変化するケヤキの色どりが映えるよう、下層へ向かってバルコニー面が徐々に明るくなるグラデーションパターンを配しています。
5棟の住棟にはそれぞれ赤系・黄赤系・緑系・青系・紫系のサインカラーが展開されていました。その色相を外装色にも継承することで、各住棟の識別性を強化しています。

形態の特徴を配色によって強化する

色が持ついくつかの特性を知り、実際の効果を体感しておくとさまざまな場面に応用が利きます。形態の強調したい部分を際立たせたり、色に差異を持たせることで、かたちのリズミカルさを強調することができたり。
このように色が持つ特性と形態の特徴が相まったとき、単色にはない効果や印象が生まれる可能性があります。単色ではいけない・つまらない、ということではなく、たとえ実験的にでも検討の過程で配色を試みることによって、形態の特徴をより活かすことができる場合もある、と考えています。
光によって見えてくる（浮かび上がってくる）陰影やスケール、距離感などの要素を、色彩によって際立たせることで、より表情豊かな外観をつくり出そうという試みを続けてきました。
試してみてそうでもなかった、という結果ももちろんあるでしょう。実際、私たちもあれこれ検証をしてみて、やはりこれは色彩で強調すべきではない、と判断することも多々あります。
そもそも「色ごとき」に形態をどうこうしようとは何事だ、という考えもあることでしょう。空間や形態の完成度が高ければ高いほど、色彩が余計な「情報」になってしまう場合もあります。
それでも、そうした検証と考察によってしか、色彩を展開することの効果や意義は見出せないものなのです。

22

色とかたち②

Neyagawa City, Osaka Prefecture, 2016

写真の集合住宅では外壁の修繕を行う以前に、耐震改修が実施され不連続な補強ブレースが取りつけられていました。
この色調に壁面の柱型・梁型の明度を合わせ、少し凹んだ壁面の明度に変化をつけることにより手前のフレームを際立たせ、補強のブレースを全体に馴染ませることを試みました。
この構造・形状だからこそできた配色です。

奥行き感のコントロール

前項で述べたように、形態と配色を組み合わせることによって、単色では成しえない効果や興味ある現象をつくり出せる可能性があります。
もちろん、色でかたちを活かす（＝強調する）ことがふさわしくない場合もあります。
その場合は、配色の効果によってかたちを「意識させない」。そうした色による「調節機能」にも、建築家や設計者の目が向くと良いなと感じることも少なくありません。
先の「なかったことにする色」→17というのは、まさに色彩による空間の調節機能の一例だと思いますが、かたちに対する色のアプローチがよりポジティブで新たな魅力を生むものであってほしい、という気持ちもあります。
私が経験の中で最も効果が大きいと感じているのは、奥行き感のコントロールです。
２色以上を比較する場合、明度が高い色ほど手前に進出して見えます。反対に、明度が低い色は奥に後退して見える、という特性があります→58。規模の大きな集合住宅や工作物等の外装色を検討する場合には、配色により立体感・奥行き感を明確にした方が、安定感が増したり、線形を印象的に見せることができたりする場合もあります。

23 見え方には「特性」がある

Color sample examination, 2015

21 の団地の、バルコニー手摺部分の塗装色見本を現場で確認した際の写真です。
住棟ごとに異なる5つの色相を使っていますが、基調となる2色は共通です。明度の下限を暗くなりすぎないよう4.0とし、5段階のグラデーションを展開しています。
明るい色でも小さな色票で見ると暗く見えますが、こうして900角の見本で・屋外で見てみると段階的な変化のなめらかさと相まって、右端の低明度色が突出して暗く見えることはありませんでした。
また、写真上段のYR系は彩度2.0ですが、下段のG系は彩度1.0に抑えています。緑系・青系等、寒色系の色相は暖色系に比べ原色の最高彩度が低いため、同じ彩度にすると寒色系の方が色味が強く感じられる →55 、という特性を考慮しています。

塗装の平滑な面は明るく・鮮やかに見える

これはもう「色がそういう性質を持っている」としか言いようがないのですが、色は物体に反射した光により認知されるため、平滑な面ほど反射率が高く、同じ色でも凹凸のある素材等と比べると平滑な面の方が一層「明るく・鮮やかに」見える傾向にあります。
建材の色見本等を確認する際は、これにさらに面積効果 →59 が加わり、その傾向が顕著になります。
それに加えて、周辺環境との比較でも色の見え方は変わります。たとえば日塗工の色見本帳には余白（白地）があるため、慣れない方が見ると明度7程度の色でも（白地との対比により）「暗い」と言い、どうしても明るく・鮮やかな色を選びがちです。私がすでにある外装色等を測り、数値で把握することに努めているのは、この「単体の印象」での判断を避けるためです。
色見本はあくまで検討や指定のための目安であり、明確に、あるいは同等の条件の下に比較できる対象がない場合はやはり目安でしかありません。
その数値が適切なのか、ということは、モノの寸法に対する考え方と同じです。たとえば、30畳のリビング・ダイニングと8畳の一間とでは、ふさわしいテーブルやソファの大きさが異なるように。その場の環境ごとに「適切な色域」がある、と考えています。
色の見え方の特性を理解し、その特性を踏まえた上で適切な色域を絞り込んでいく——。さまざまな判断の根底には、常にそうした特性の把握と分析があります。

24

決めるまでの段階的な比較と迷い方

Obuse Town, Nagano Prefecture, 2016

落ち葉を拾い集めて並べ替え、色がなめらかに変化する様子を見るのは、大人になった今でも楽しく飽きない野遊びのひとつです。
１枚の葉の中での色の変化や、赤と黄の間、黄赤に変わる境目はどの辺りかなど、比較するための幅の中で、色同士の距離感やつながりを見出すことができます。
こうした屋外での検証は、背景（写真上段の場合はカラーアスファルトです）との対比によっても、赤が鮮やかに見えたりくすんで見えたりすることがあるので、色をどこで・どのように見るかということが、印象の違いに影響を与えていることもわかります。
段階的な比較の中で色の選定に迷う場合は、検証する場所（背景）を変えてみることもお薦めです。

採用色は段階的な変化の中から選定する

色彩設計においては、計画案を検討・立案し、クライアントや関係者の了承を得るまでがひとつの目標ですが、そこでの決定はあくまで「案」の確定であり、そこから最終的に色を決めるまでにはいくつかのプロセスがあります。
塗装色のサンプル（塗り板見本）を手配する際、私たちは「指定色ズバリとその前後」という指定の仕方をしています →97 。指定には近年、日塗工（日本塗料工業会）の色番号を用いていますが、塗料の光沢感や表面の凹凸感等により色の見え方には幅があるため、指定通りでも、この見え方だと少し明るいかなとか、ちょっと暗く見えるなという事象が生じます。特に塗装色と他の建材を組み合わせる場合には、その建材との対比や馴染み方を見て判断することが重要です。
その判断の際、ひとつの色見本だけを見ても、比較する別の候補色がなければ「程良いかどうか」は見極められません。ですから常に複数の候補の中から、使用する全ての建材とのより良い・ベストな「組み合わせ」を選択するという方法を取るようにしています。
比較しながらの検証を繰り返していくと、決定の要因にどういった色の対比が影響するのかが徐々に身についてきます。慣れるまでは、たとえば明度差を0.5程度ずつ変えたものを用意し、現地または屋外で検証することが良いと思います。特に明度は、使用する建材や塗料で再現できうる上限・下限ギリギリの色を候補にされる設計者が多くいらっしゃいますが、それが他の建材や周囲の環境との関係で「どのように見えるか」が見極められていないと、周囲から浮きすぎたり、規模や形態に馴染まず圧迫感やボリュームが強調されてしまう場合もあります。

25 群の配色

Hachioji City, Tokyo, 2016

どのくらいのバリエーションがあれば適度な変化で、全体の統一感を保持できるのか。むやみに色数やバリエーションを増やすのではなく、適切な色数で、大きな効果（刷新性や単色では叶わない耐久性・防汚性など）を生むことを試してきました。
その結果、住棟の数が多い場合でもおおむね4パターンがあれば、ゾーニングや形状の変化にも対応でき、個々の色の差異もしっかりと表現することができそうだ、という実感が持てるようになりました。

適度な変化と一定のまとまりをつくるシステム

これまで長く団地の外壁修繕に携わってきました。日本の高度成長期に住宅不足を解消するため短期間に・大量に建設された公営団地は、複数の住棟が建ち並ぶ場合が数多くあります。そうした団地の外装色は、ごくごく穏やかな単色で塗装されている「だけ」のことが多く、「色彩を計画的に」考え、実践するようになったのはこの30年の間に定着してきたことです。

また大規模な団地の場合、全体の改修を何度かに分け、数年に渡り実施するため、一部の外観が大きく変わると団地全体のまとまりが損なわれる（さらには、住民に不公平感を与えてしまう)、と懸念された時期もありました。ですが、逆を言えば必ず巡ってくる改修を見据え、計画的に団地全体の色彩を考えておくことで、段階的に景色を整えていくことが可能なのです。

こうした「団地という群」の配色を、私たちはさまざまなパターンや法則を考え・発展させ、実践してきました。多色を使えば変化は出ますが、全体の印象がバラバラになってしまったり、塗り分けやパターンが複雑だと施工に手間がかかり、塗り間違いなどの不具合が発生する要因にもなりかねません。むやみに、ではなく適切に。色彩をどう構成するか、というシステムの設計を意識してきました。

群の配色を考えるときのひとつの条件として、たとえば隣り合う建物同士が同じ色にならないように、ということがあります。左記のように群の配色に必要なのは最大でも4パターン、という私たちが経験によって導き出したひとつのシステムは、色と色の対比（距離）をうまくとるためのものでもあり、群の配色による統一感と適度な変化の形成（＝両立）を可能にします。

26

正しく色を見せる

Color and material sample, 2010

提案の際、内外装に使用する建材の見本をひとまとめにした「マテリアルボード」を作成することが多くあります。特に多くの関係者が関わるプロジェクトの場合は早い時期からこうしたツールがあると、全体の方向性や印象を共有しやすくなります。
ただし、色は背景の色と影響しあうため、選定した素材を添付するボードの色にはこだわりがあり、「できるだけ現実の見え方に近い状況を再現する」ということを意識し、随分と時間をかけて適切な色を探し出しました。
その商品名はクレセントグレイトーンボードB-03。他の紙製のボード等に比べるとやや割高ですが、明るすぎず暗すぎないグレイは選定したサンプルを「正しい印象」で見せてくれる、頼りになる存在です。

あらゆるものの見え方は、相対的な関係性の中に存在している

意識してひとつの素材や色を見ている「つもり」でも、決してそう見ては（見えては）いません。ならば、判断をする際は周辺に影響を受ける状況や状態を適切に整えておけば良いのだ、と考えるようになりました。
それは特にプレゼンテーションの際に効果を発揮します。近年、CGや印刷の技術が発達し、映像（動画）なども駆使され、よりリアリティのある表現が可能となっています。一方、印刷の場合は出力の用紙や、プリンターの消耗度合いによっても色の出方が異なったりするため、都度の微調整は欠かせません。
色彩を専門としている以上、色の再現性に正確さがあってこそ、ということはもちろん意識していますし、日々精度を上げるべく工夫を重ねています。しかし一方では、周囲の状況により変化しやすいという色の特性に無意識のうちに（これは実物ではない、ということをわかった上で）対応している（できる）人の知覚を信じ、「違和感を与えない状況」を整えておくことで、色が持つ特性を周囲の方々に理解してもらいやすくなる、という経験も数多く重ねてきました。
微妙な差異は厄介なもので、検討・選定においてはとことん慎重な見極めが必要で、自身があらゆる経験を重ねていくしかないと思う一方、自身が思うほど周囲の人はその差異を気にしてはいないし、気になる場合は色彩的な不調和さを感じている場合が多いように感じます。
ですから、提案の際にはできるだけ実際の「印象の構築」を重視し、サンプルボードに貼ったマテリアルと実際に竣工したときの見え方に違和を感じさせないようにすること、を心がけています。

27 ひとまとめ

Color and material box, 2010

選定したサンプル類を、とにかくひとまとめにしておくと、良いこと尽くしです。建築の計画では、現場の進捗の中で仕様が変わり、他の部材と塗装により色合わせをする部分が出てきたり、先に決めたメーカーの既製品が廃番になってしまったりすることも少なくありません。
部分を検討する際でも、全体の構成や関係がどうだったか、を即座に確認できると一連の作業が大変スムーズに行えます。現場での打ち合わせの際には必ずこのようなセットを持参しています。竣工した後もそのまま保管しておけば、記録にもなります。
このシステムを考え、実践した20年前の自分を思い出すと、未だに褒めてあげたい気持ちになります。

比較して判断し、決定の根拠を共有する

綿密に計画書や指定図を作成したつもりでも、後から「鋼製扉の色が未選定だった」とか「(素材の）仕様が変更になった」等々、現場監理に調整や変更はつきものです。そうしたとき、選定や決定の拠り所となるのはやはり「周辺の状況」であり、隣や背景にある材料との比較（対比）により「見え方」を検討することが重要です。
通常、建築や土木工事の現場事務所では、決定品（色）は承認の日付やサインを入れ、現場で管理しています。設計者が現場に常駐している場合はそれで全く問題はありませんが、色彩設計の場合は長く現場に通うことは稀ですので、こちら側でもサンプルを控えておけば、電話やメール等での質疑にスムーズに答えることができます。特に現場が遠方の場合はなおさらです。
こうした比較での判断は、決定の根拠を関係者と共有するための作業でもあります。長く仕事に関わる中「なぜこの色なのか？」という問いに数多く出会ってきました。サンプルを並べ、何が・どれが良いかということは、専門家でなくても大体の「雰囲気」はわかる、と私は感じています。どの色を・どちらを選ぶかは決して好き嫌いの範疇ではなく「違和感のあるなし」なのではないか、と考えているためです。
違和感のあるなし、を言葉に置き換えて「AとBを比べた場合、Bは周囲の材料にドンピシャに色が合っているが面が平滑なためやや目立って見える。Aの方が周囲の材料に対してより明度・彩度を抑えているので背景的な印象になる」といった「見え方」に対しての解説をすることが（できることが）専門家としての役割のひとつです。

茶とまち

土や木の幹など、主にYR系の低明度・低彩度色は、自然界の基調色の代表といえます。
人工物を茶色に変えてみることで、特に自然の緑が豊かな環境がより印象的に見える、という体験を何度も重ねてきましたが、近年、見た目以外にもさまざまな効果がありそうだ、ということもわかってきました。
鮮やかなブルーが主流のシートや防鳥・防風ネットなどは機能的に「ブルーでなければならない」わけではありません。あるブドウ畑で、過剰に目立ちすぎるその色を茶色に変えてみたところ、鮮やかな色に比べ、ネット際の葉の生育が良い・鳥がネットを破らなくなった・外から中の様子（ひと気）がよく見えるので盗難防止に効果がありそう、などの報告が聞かれるようになりました。

Kosyu City, Yamanashi Prefecture, 2019

低明度色は光を吸収する性質があることや、明るく鮮やかな色の方が視認性が高いので、ネットの存在感が薄れていること…など、いくつかの理由が考えられます。「こちらの色の方がこういう効果がある」という結果は、変えてみて・比較してみて、初めて明らかになったことでした。

「色に対する価値評価」は年齢やそれまでの経験、職業や嗜好により異なって当然です。

それでも何とか「これならわかる」「これは（好き嫌いによらず）いいよね」と共有が可能な領域を探り続けた結果、身近に長くあり、多様な要素が混在しながら互いを引き立てあうような関係性をつくっている自然環境の色彩が、手本になり得るのではと考えるようになりました。

III

自然界の色彩構造

28 自然界の地色①

Study, 2011

自然界の基調色（＝地となる色）は「不動の大面積を持ち、季節や時間の推移に影響を受けにくい」存在である土や砂、石などが持っている、と定義しています。
これを人工物に置き換えたとき、たとえば建築外装は「長くその地に定着して、動かない存在」ですから（仮設の場合は別ですが）、自然界の基調色の範囲を踏襲すれば「大きな失敗」をする可能性を軽減できるのではないか、と考えてきました。

地となり、変化を支える基調色

環境色彩計画では図と地の関係性ということに着目し、環境において何が色を持ち・何がその見え方を引き立てているのかということの相対化を試みてきました。よく建築関係の方と話をしていて「環境において建築物は地である」というと、ちょっと驚かれたり、場合によっては気分を害されたりすることもあるのですが、ひとつの対象に対してではなくあくまで環境を群として捉える際、建築物はやはり地的な要素であると考えています。
とはいえ地の中にも図的な要素が抱合されていることもありますし、全体としては地的要素でも、図としての役割が必要な場合ももちろんあり、そこにもやはりいくつもの段階があるのではないか、というのが私の考察です。
ここでは自然界の地色を人工物の基調色とする（としてみる）、ということの可能性・汎用性について、考えてみます。
建築や工作物における基調色は、全体の構成の主となるものであり、大部分を占めるものといえます。動かず、長くその地にあり続ける存在です。あくまで「長い目で」見るとき、飽きが来にくく、周辺と比べた際の違和感を少なくするという目的に対し、自然界の基調色を展開することは「素直な解釈」のひとつであると位置づけています。
これは決して「地味な色にしておけば良い」という単純なことではなく（地の色にも意外と派手なものもあります）、「地の色を使うことにより、周辺のさまざまな変化を活かしながら印象的な景色をつくることができる」とか「地の色を使うことで周囲が変化しても、その変化に負けない普遍的な見え方を保持することができる」といった可能性が生まれるのではないか、と考えています。

29 自然界の地色②

Nozawaonsen Village, Nagano Prefecture, 2011

自然界の基調色はまた、おおむね暖色系の低彩度（4程度以下）色が中心となっています。
土や砂、木などが持つ色は、YR～Y系が最も多く、かつてはどこの国や地域でもこうした自然素材を使って建物をつくってきたため、自ずと穏やかで落ち着きのある色調（＝アースカラー、と呼ばれる範疇）にまとまっていた、といえます。
だからいきなり、建築外装には暖色系を！ということではありません。あくまで「自然界はこういう色彩構造で成り立っている」ということを、まず考えてみてほしいのです。

暖色系•彩度４程度以下

自然界の基調色（土や砂・石、木の幹等）は暖色系が中心で、彩度（鮮やかさ）は４程度以下。これは日本の多くのまちなみの外装基調色にも見られる傾向であり、かつて多くの建築・工作物が自然素材でつくられてきたことの証でもあります。そしてその傾向は現代の建材にもおおむね引き継がれています。

自然界の基調色は、長く人類が慣れ親しんできた色です。しかしこのように私が至極自然なこととして受け入れてきた「自然界の色彩構造」は、現代の建築教育を受けている・受けてきた方々にはピンとこないのだということをこの数年、色々な建築家や建築教育に関わる大学の先生方と話をするうち、知ることとなりました。

こうした状況の中､左頁に記したように「基調色には（まずは）暖色系の低彩度色を」と言ってもあまり意味（説得力）がないなという自覚を持ちつつ、それでもなお、専門性や領域を超え、共有可能な指針や指標を「自然界の基調色」に見出すことが可能なのではないかということを考え続けています。

基調となる色・色域・色群、そして地となる領域があるからこそ、図的な要素が映える、という自然界が持つ色彩構造。それを意識することが相対的な関係性の中で素材や色彩を考えるということであり、必要な場所に・必要に応じて素材や色を使い分ける方法を身につける近道である、と考えています。

まずは｢暖色系•彩度４程度以下｣が､どういう色域を持っているのか、身近な自然環境を題材に、体感してみてください。

30 自然界の地色③

Study, 2016

自然界の基調色は、季節や時間の推移に影響を受けにくい、といいましたが、変化する要素としては、天候の影響が挙げられます。
大地の色は雨が降って濡れると、明度が下がり彩度はやや上がります。このことは多孔質で浸透性があるという物性の特徴もよく表しており、図となる要素よりも変化の仕方は劇的です。
自然界の地となる色は、それ自体が変化する要素ではありませんが、周囲からの影響は受けざるを得ない、ということが特性のひとつとして挙げられます。

自然界の基調色の明度の変化

自然素材は多孔質なので、水分をはじめ外部のさまざまな要素を吸収します。それは経年変化の要因でもありますが、日常生活において天候の変化により起こる小さな変化は、私たちが見慣れてきた明るさの変化の「幅」でもあります。
現代の建築物等に使用される建材は、特に防水性を高めるためのさまざまな工夫がなされ、外気の影響を受けにくくなっています。それはもちろん環境性能の向上のためには望ましい発展ですが、色調の変化という点ではいささか物足りなさを感じてしまう部分もあります。
前項で「暖色系・彩度4程度以下」という「色域」を体感してほしいと書きましたが、明度の上限・下限についても同様に自然界の中にヒントがある、と考えています。
乾いた状態・湿った状態。これが自然界の基調色が持つ明度の幅です。組み合わせた2色は色相調和を成し、濃淡の（自然な）変化を持った配色、と捉えることができます。これがこのまま外装の仕上げになるわけではありませんが、それでも私たちはこうした身近な現象を検討や選定の手がかりにしてきました。
土や石の濡れ色の下限は、明度2.5～3.0程度です。これが私たちの見慣れている自然界の色彩が持つ低明度色の下限だとすると、それ以上明度の低いものを大面積で出現させることに対しては、何がしかの必然性を求めたくなります。
一定の限度を超えても「最良の環境」が生まれる可能性はもちろんありますが、その状態がどれだけ長持ちするのか、判断にはもう少し時間がかかりそうに思います。さまざまな天候の中で、色の変化を繰り返している自然界の色彩構造にまだまだ学びたいことがあります。

31 単色に見えても

Study, 2016

自然界の基調色は、大きな面積を持って存在しますが、解像度を上げていくと細かな粒子の集積であることがわかります。
まとめて灰色に見える河原の石もひとつひとつ丁寧に観察していくと、黄味や緑味や青味など、ほのかに色気を持ったグレイの集積であることがわかります。
距離を置くと、石同士の境界が曖昧になり混色し、徐々にひと塊りとなっていきます。さらに微妙な色気は距離を置くと私たちの目に届く前に空気中に拡散してしまいます。
基調色自体に微細で多様な色幅があるということが、自然界の色彩構造の特徴であり、懐の深さかなと思うことが多くあります。

単一・単調でないことの強さ

単一でなく多様、ということが自然素材の最大の特徴ではないか、と感じることが多くあります。師の教えに「自然はカラリスト」という言葉があり、その場に長くある自然物の中には何がしかの秩序があり、どう組み合わせても魅力ある配色となるということを、講義や講演会でよく耳にした記憶があります。
自然界の基調色・暖色系の彩度 4 程度以下・天候による濃淡の変化。ひとくくりにするとアースカラー、と称されるこれらの色域は、決してひとくくりにできるほど単調ではなく、多様な差異と変化に満ちています。
ここから対象にふさわしい１色を見極める、という行為はもしかすると野暮なことなのかもしれません。ですがそれでもやはり、手始めには自然界の基調色に触れてみるというところから始めてみるべきなのではないか、と考えています。
繰り返しになりますが、自然界の基調色を活用するということは決して「ただ無難な色を選ぶ」ということではありません。たとえば誰かが設計した住宅やオフィス、橋などは、個人や地域の資産であると同時に環境を構成する要素の「一員」です。規模・形態・意匠を含め、多様であるということは現代社会のひとつの価値であり、まちの魅力につながるものでもあります。色に関してはその「多様性」の領域に多様な自然界の基調色を当てはめることにより、既存の環境とのバランスを保ちながら、個々の魅力を高め合ったり、時には更新していくことも十分に可能だと思うのです。
自然界の色彩構造が持つ「単一ではない」ことが強みにならないか、ということを長く考えてきました。それはすなわち、解はひとつではない、と言い換えることもできます。

Hongo, Bunkyo Ward, Tokyo, 2018

32 自然界の図となる色①

自然界の図となる鮮やかな色は、草花や昆虫・小動物など命ある小さなものが持っている、と定義しています。
人間も薄い皮膚を通して血色が浮きたって見えるような赤子やはつらつとした若い女性など、その瑞々しさは環境における図的要素として位置づけられ、この世界に生き生きとした鮮やかな彩りを添えています。
ただし、その鮮やかさはあくまで一時的なものです。花の姿や樹木の紅葉はその季節限りのものですし、人目を惹く昆虫も限られた命の中で、その姿を印象的に見せています。
人も生物の一種ですから、たとえば歳を重ねるごとに白髪になったり、肌の色がくすんでいくことなどは極々自然な現象です。

自然界の変化と彩り

フランスのカラリスト、ジャン・フィリップ・ランクロ氏は現在、実務から身を引かれ、ご自身が所有する島で毎日、海の景色を見ながら過ごされています。朝、昼、夕の景色を何百枚と描かれていて、未だに飽きることがないそうです。絵の具を混色するために使うのは紙皿で、1枚描き上げるごとにその色が残った紙皿＝パレットも保管し続けているのだとか。色とその表現に対する根っからの探求心と、色彩に対する飽くことない興味を持ち続けていらっしゃるのだなと感じます。

刻々と変化する美しい景色は、国や文化、年齢を問わず私たちの心を強く惹きつける事象のひとつです。定位しない・変化しつづけるということと、季節によりさまざまな彩りが見られること、そしてそれが時間の変化とともに繰り返されることなど「飽きない」要素が満載です。私たちの暮らしの傍らにこうした自然の変化があることを思うと、動かないもの＝建築や工作物はやはり、自然の存在を活かすような見せ方を考える方が「得策」なのではないかと感じます。

1990年代、公共施設や設備に「アメニティ」という名目の元、地域の花や鳥、特徴ある行事（お祭りや花火大会等）が描かれ、地域のらしさや賑わいが端的なかたちで表現される事例が目立ちました。現在でも規模の大きな壁面や工作物に「地域のシンボルを描こう」という動きは見られ、それが地域の資産として定着している場合も稀にありますが、やはり本物の花や鳥をその地で目にする感動に追いつくのは難しく、ならばその本物がより生き生きと魅力的に見える（体感できる）状況を整えることに力を注ぐべきではないか、と考えています。

33 自然界の図となる色②

Obuse Town, Nagano Prefecture, 2016

自然界の図となる鮮やかな色はまた、いずれも地表近くに存在している、といえるのではないでしょうか。
山を染める落葉樹は人が身を置く場所からは高い位置に見えますが、木の生えている大地から見るとそれはやはり地表に近く、いずれ葉は落ちて大地に還っていきます（鮮やかなまま頭上に居続けることはありません）。
風景を少し引いて見てみると、その構造がよくわかると感じることが多くあります。単純に下に重心がある、というだけではなく、水平方向への連続的な拡がりや奥行きを感じさせる「手がかり」にもなっており、やはりとても構造的だなと感じるのです。

鮮やかな色の居場所

しばらく前から、色の居場所、ということが気になっています。ある建築家が「素材の居場所は構造が決める」というお話をされていて、以来、では色の居場所はどうやって決める（決まる）のだろうかということを考え続けています。
まちを歩いたり調査をしたりする際、鮮やかな色が「どこに居るのか」ということを気にするようになりました。
自然界においてはその構造がやはり顕著で、どうやら地となる色・図となる色それぞれの要素に「定位置」があるように感じています。
自然界において鮮やかな色は命あるものが持っていて、地表近くにあり、その面積は小さい――。
これは、私が定義したというよりは、自然界の色彩構造から導き出した「法則」です。
私が色彩を計画するとき、特に鮮やかな色を使う場合には、まず「居場所はどこか・その居場所が適切か」ということを考えます。唐突な色使いに見えてしまう場合は、きっと色も居心地が悪いことでしょう。色にも寸法と同じように適切な納まりがあり、納め方があります。
先の法則を応用するならば「足元周りの・動く部分（人が動きの中で目にする部分）に・小さな面積で使用する」という可能性が見えてきます。

34 空や海・川の色

Ryoanji, Ukyo Ward, Kyoto City, 2012

色彩心理学の統計によると青色というのは世界中で最も嗜好の偏りが少ない（好き、という人が多い）色なのだそうです。世界をつないでいる空や、生活に欠かせない水を想起させるため、でしょうか。
空や水の色は大きな面積を持っていますから、基調色として扱って良いのでは、と思われるかもしれません。しかしながら空や水の色は物体に定位して見える色ではなく、ボリュームを持たない面色（film color）であり、ものの色の見え方とは構造が異なります。
故に私は、空や海・川の色は動く色として扱い、でも図ではない、という認識を持っています。
いずれにしても、動かないもの（＝地色）に影響を与える存在であり、だからこそ基調色の存在が重要なのではと考えています。

距離やかたちを持たない色

面色（film color）は平面色ともいい、ドイツの心理学者デビッド・カッツにより「色の現象的分類」として記述された色の捉えられ方の一種です。たとえば空は距離感がはっきりとせず、平面的に広がっているように感じられる一方、「その面は柔らかく、厚みがあって、ときに周囲の条件により湾曲して見えることもある」* とも定義されています。
平面的に見えるのに柔らかさや厚みを感じ、質感やテクスチャーは曖昧です。物体に定位していない、という点が最大の特徴といえるでしょう。
こうした定位しないものを具体的な色に置き換えるのは、デザインでもアートの領域でも、大変難しいことなのではないでしょうか。
身の回りの「青色」を挙げてみると、歩道橋や水道管、ポリバケツやクーラーバック等、空色との調和や爽やかな・クールなイメージ等から用いられていることが想像されます。
空や海の色は定位しないものですから、具体的な色に置き換える場合はどこかの「瞬間」を切り取ることになります。しかし、同じ晴れの日の空でも夏と冬とでは大きく印象が違いますし、人工物の色が空や海・川の色よりも「より鮮やかで象徴的」に見えると、穏やかで繊細な自然の変化に目が行きにくくなってしまう、という側面があります。
さまざまな製品が普及した現代では、選定の理由はどうあれ「ここまで鮮やかな色でなくても良いのでは」というものも多いように感じます。自然界の色彩構造に倣う、というとき、「距離やかたちを持たない色」は基調色の候補からは外す、と見当をつけています。

＊『ブリタニカ国際大百科事典 小項目事典』より引用。

35

木の色の変化

Mokuzai Kaikan, Koto Ward, Tokyo, 2012

新木場駅前にある木材会館は2009年6月に竣工した東京木材問屋協同組合の事務所兼貸オフィスビルです。竣工から3年が経過した2012年には、竣工時に比べ外観の木材の色が随分と落ち着いた印象になっていました。
一般に木材は経年変化により、色相は黄味寄りになり、明度が上がり、彩度は下がっていきます。木材会館においても、その傾向を測色により確認することができました→82。
製材した木材はそこからまた新しい時間の変化を刻み、表情が変わっていきます。自然界の中で樹木の幹の色は動かない存在（＝地）ですが、木材は生きているのだ、と感じました。

自然素材の色を「勝たせる」

各地の土を拾ってきては、乾燥させたり、また湿らせてみたり →30 。自然界にあるさまざまな素材における変化の「幅」や「傾向」に興味があります。
自然界の変化が持つ幅や傾向、それが時間の流れの中で繰り返されていること——。これも自然界の色彩構造の特徴のひとつといえそうです。
木の色は表皮と製材された木材とで大きな違いがあります。長い年月、風雨にさらされていた表皮に対し、木材は外気に触れることにより徐々に乾燥し、生身の色ではなくなっていきます。
同じ素材でも、外気との触れ方により質感や色味が大きく変わる自然素材。故に、扱いが難しいという側面もありますが、それでも色相の変化はごくわずかで、主にトーン（明度と彩度を合わせた「色の調子」）→56 の変化です。この特性を知っておくだけでも、素材を選定する際、あるいは木材に合わせて塗装色を選ぶ際には、大きなヒントになります。
たとえば、私たちは木材合わせの塗装色を選ぶ場合は「より赤みを抜いた、より彩度の低い色」を選ぶことにしています。木の色が変化しても、塗装色の方が目立つことのないようにという意図です。
建築設計には出隅・入隅の納め方に対し「納まりの勝ち負け」という表現がありますが、自然素材と塗装色の関係は変化の幅を持つ自然素材を「勝たせる」方が、色彩構造的には素直なのではないか、と考えています。

36 距離の変化と色の見え方

Lake Motosu, Yamanashi Prefecture, 2012

近くにあるものは鮮やかに見え、距離を置くと明度が上がり彩度は下がって見えます。
たとえば彩度について、距離による見え方の変化を考えてみます。
自然界で鮮やかな色を持つのは一部の花や昆虫等です。いずれも個々の面積は小さく地表近くにあり、中・遠景では気づきにくい存在です。
鮮やかに色づいた紅葉などは花や昆虫に比べ全体の面積は大きいのですが、もとは小さな面積（葉）の集積によるもので、距離を置くと隙間の陰影により彩度は下がって見えます。
人目を惹くことを優先しようとすると、色は派手さを競いがちになります。条件とのバランスを保ちながら配色を行うためには距離によって変化する色の見え方の特性を味方につけることが効果的です。

距離の変化に応じた色使いを考える

「鮮やかな色の居場所」の項 →33 ともつながりますが、自然界の色彩構造は、人の目線をうまく対象（図的な要素）に誘導するようにできています。こうした自然界の配色の原理を、人工物の色使いに展開してみる可能性について、考えています。

風景を引いて眺めるときは自ずと視野が広くなりますから、遠くまで・隅々まで「見渡す」ことになります。全体を眺めるとき、何か一点に視点を定めるよりも、自然の風景であれば山並みや空の色、雲のかたちなどを全体として捉えていると思います。このとき、色の見え方は距離の変化に応じて「遠いほど霞んで」見え「近いほど鮮やかに」見えます。徐々に対象（たとえば、山や木）に近づいていくと個々の表情が豊かになり、質感や色の差異が際立ち、より印象的に感じられるようになります。

都市部では新しい建造物のランドマーク性を強調しようとするあまり、意匠や形態・色調等により差異を競い合う傾向も見られます。色に関しては近年、景観法の影響もあり過剰な派手さを持つ外装色は減少していますが、それでもなお「遠方からも目立つように」と外観や高層部に印象的な色を使いたいという要望や相談は後を絶ちません。

鮮やかな色を使うな、ということではなく、自然界の色の見え方に倣い、視点場の変化に合わせ徐々に（近づくごとに）色気を与えていく（強めていく）、ということが効果的なのではないかと考えています。

都市が自然のように風景として眺められることを考えるとき、突出して目立つ鮮やかな色が全体にどのような「良い影響」を与えるのか、まだその答えは見つかっていません。

37 自然は変化する

Wuxi City, Jiangsu Province, CHINA, 2012

2012年、中国江蘇省・無錫(むしゃく)市の都市色彩計画（色彩基準およびデザインガイドライン作成）のため、現地調査を行った際のことです。古いまちなみを活かし地区の再生を行っているエリアに案内されました。
写真中央を流れる運河の向かって右側は、100年ほど前に建造されたもので、左側はそれを忠実に再現したものなのだそうです。これからさらに年月を重ねると、色合いは追いつくのか、穏やかな差異はあり続けるのか。
時間の変化がこうして目に見えることも、まちの成り立ちを知る上で、ひとつの手がかりになるのだと感じます。
時間の変化を受け入れ、染み込むことを許容し、変化し続けるのが当たり前、ということも自然界の原理のひとつといえるのではないでしょうか。

変化することは大前提

色は難しい、といわれる要因のひとつ（たくさんありますね）に、左頁のような時間の経過による経年変化の他、天候や光源の種類によって色の見え方が変わる、ということが挙げられます。この点については「見え方は、常に周囲の変化によって変わる相対的な現象である」ということを意識すれば良い、と考えています。天候や光源が変わっても人工物の色が物理的に変わるわけではなく、周囲の変化に影響を受け「変化して見えている状態」と捉えれば良いのです。
すなわち、一方だけが変化しているのではなく、一方が変わればもう一方（の見え方）も変化せざるを得ないということです。こうした現象をものごとのそういう「特性」だと捉えると、いくつかのことは解決しそうです。
そうなると、どの光の状態を基準として色を決めれば良いのか、と問われることも多くあります。通常は日中の自然光（直射ではなく北窓光などの散乱光）で問題ありませんが、夜間や室内で選定を行わなければならない場合は、国際照明委員会（CIE）により定められている標準光源・D65が目安となります。検査用のカード等も市販されており、その場の照明環境がD65に近いかを確認することも可能です。
光により色の見え方が変化することを演色性といいますが、特に印刷や製品管理の現場では一定の条件下で判断することで、例え異なる環境で見え方が違っても、製品の性能等に影響が及ばないよう一定以上の水準が保たれています。
建築の外装においては、まずは日中の自然光での判断を基準とし、比較は常にその状態で行うことに慣れてみるのが良いのではないでしょうか。

38
時間が育てる色

Kosyu City, Yamanashi Prefecture, 2015

木や土（壁）、石などの素材でつくられた伝統的な日本家屋は、風雨に晒され、時間の経過とともに彩度が下がります。一方、現代の建築外装に使用されている建材の多くは、高い耐候性・耐久性を持ち、時間の変化が育てる色を見つけづらい、と感じる場面が増えつつあります。
建築家の内藤廣氏がある講演会の中で「人工建材は時間が染み込まない」と表現されていました。なるほど、建材や素材を私たちと同じように生き物と捉えると、「味わい深さ」を増していくためにはどうやら「時間の経過」が必要不可欠なようです。
汚れない・色あせない、ということは確かな価値のひとつですが、時間にしか育てることができない景色もある、ということを忘れずにいたいと思います。

その地域の「らしさ」をつくる彩り

クリスマスの時期に京都でタクシーに乗ったら、運転手の方が「この数年はクリスマスよりもハロウィンの方が盛り上がっている」と話されていて、少々驚いてしまいました。
仮装してまちを練り歩く人々の「動く色」が、まちの景色に彩りを添える新しい要素になりつつあること、そしてそれが全国に広まりつつあることを改めて実感しました。
一方、さまざまな地域へ調査に出向くと、まだこんな風景が残っていたのかと思うような場面に出くわすことも数多くあります。たとえば岡山県奈義町の瓦葺きの農家では、軒の高さが随分と低く、よく見ると背後に林（コセ、と呼ばれる防風林）を背負っているような構成が多く見られます。地元の方の話を聞いてみると、いずれも山から吹き下ろされる強風を防ぐための工夫なのだそうです。
そうした「理に適った」ものであることが、長くその地に根づく要因であり、その土地の「らしさ」を表している、と考えることができます。
左頁の民家＊や漁師町で見られる庭先の柿の木は、もともとは柿渋を採るために植えられていた、という説があるそうです。眺めるうち、いつしか渋柿を干して甘くするという方法を見つけ出した先人たちの知恵と工夫が、その地域に彩りを与えていることに興味を持ちましたし、それが地域の個性にもつながっている、と感じます。
現代の都市部にはこうした「合理性」や「継承されてきた工夫や知恵」など、時間の推移や蓄積が見えづらいため、「らしさ」が欠けているように思えます。そのかわりに、ハロウィンのお祭りなどが、都市部の新しい「らしさ」の要素となりうるのかもしれません。

＊ 写真は重要文化財・旧高野家住宅（甘草屋敷、山梨県甲州市）

39

色の観察の練習

HOSHINOYA Kyoto, Nishikyo Ward, Kyoto City, 2015

石に目地が入ると陰影ができます。
広く（大きく）平滑な面は、細かく・目地の入った面よりも明るく見えます。
目地がつくる表情、凹凸による陰影、光がつくる濃淡。
ひとつの素材でも、こんなに多様で、豊かな表情をつくることができるのだな、と感心してしまいました。

さて、色を「みる」とは？

色そのものを、ひたすらに観察して記録する

同じ素材で、大きさや表面の加工方法が異なるものを見ていると、色はつくづく、光との関係で見え方が決まるものなのだなと感じます。たとえば、自然石やタイルなどが例として挙げられます。
色の見え方については、私自身が実務の中で学んできたことを書いてきましたが、専門家でなくともこうした現象は多くの方が実際に「観察」という行為により、経験したことがあるのではないでしょうか。
地域を観察する方法に、フィールドワークがあります。
慶應義塾大学SFCの石川初研究室では「ランドスケープデザインの観点から地域資源としての魅力的な風景を再発見する」というテーマで、徳島県の神山町という地域のフィールドワークを実施しています。そのリサーチのプロセスは「観察・採集・分類・整理・構成・展示」という流れで示されており、ひとつひとつのプロセスを徹底的に深堀りすることで地域の風景が現れ・つながり始め、神山を訪れたことのない私たちの脳裏に描き出されていきます。フィールドワークは見る（観察）だけでは駄目で、そこからどういった要素を抽出するか、という視点が重要なのだと感じます。
色彩のフィールドワークでは、色を測る（数値化する）ことにより素材や形状から色を一旦切り離し、あくまで「色」がまちの見え方にどのような影響を与えているかを描き出す、ということを試みています。形態や規模、用途や意匠ではなく「その場の・その地域の色彩環境」を地域やまちの構成要素として抽出し、分類・整理した上で新しい計画への展開を実践してきました。
色そのものの観察。慣れるまでは難しいと思われるかもしれませんが、ぜひ試してみてください。

黒とまち

賑わいの演出を目的として鮮やかな色を用いる場合は、III「自然界の色彩構造」に倣い、環境の中の図的要素（動くもの・一時的なもの）に展開すると良い、と考えていますが、近年、特に都市部では賑わいの場にもモノトーンが用いられている様子をよく見かけるようになりました。
商業施設が併設された公園内に期間限定（7月中旬〜8月末）で設置されたカフェの外観は、運営する企業の商品イメージがテーマとなったと思われる「黒」でした。イベントのウェブページを調べてみたところ、アルコールと旬のフルーツを使ったスペシャルドリンクを提供するとありました。
通りかかった際は午前中で時間が早く、まだオープンしていない状態の写真ですが、ここにフードやカラフルなドリンクが並んだり、チェアで寛ぐ人たちが加わると、動きのある・華やかな景色が生まれるのだと推測することができます。居場所や拠点は小さく仮設（一時的な図的要素）のものであっても、人の動きや商品を引き立たせる「地」にもなり得るのだ、と感じる体験でした。

TOKYO MID TOWN, 2010

この章は、おそらく本書の中で最も曖昧で、どっちつかずに感じられる項目が多いのではないか、と思います。

「方法論（のようなもの）」というタイトルが示す通り、記述した内容が他の地域や状況において同じようにうまくいくと保証するものではなく、ほとんどの場合においては他の色の可能性も十分にあります。もっと印象的な、あるいは周囲に溶け込ませた環境をつくることも可能なはずです。

それでも、私はこうした色の体験を通して、その体験と同じような効果やそうした状況をつくり出そうとすることを試みています。

まちと色の方法論（のようなもの）

40 環境と色が持つイメージ、それぞれとの相性

Eitai Bridge, Koto Ward, Tokyo, 2018

2014年冬、隅田川に掛かる橋の色を吾妻橋から勝鬨(かちどき)橋まで、2日がかりで測色しました →74 。このとき改めて、「水辺と寒色系は相性が良いな」と感じた記憶があります。市街地などの人工物が密集した環境に比べ、水辺は上空が広く、空や水の色が印象的に見えるからではないか、と考えています。
規模の大きな工作物はまた、特に単色の場合、色の印象をダイレクトに伝えやすいという特徴があります。写真の橋は寒色系ですが、高明度です。環境や素材との相性の良さとともに、明るめの基調色が橋の重厚感を適度に和らげている、と捉えることができます。もちろん、重厚な造形に重厚さを感じさせる色が良くない、ということではありませんが、ひとつの要素に頼りすぎないことで、色が持つイメージをより印象的に見せることもできそうです。

硬い色、柔らかい色

色が持つ・人に与える心理的なイメージの中でも、特に重軽感・硬軟感などは、建築や工作物の見え方に大きな影響を与えることがあります。私が仕事をしてきた中で、最もその影響が大きいと感じるのは、本体（躯体）の素材と色との相性です。
たとえば橋梁等の鉄骨は、硬い素材です。ここに明るく柔らかな印象を持つ暖色系、たとえば淡い赤色や黄色が使われると、全体の重量が軽く見える心理的な効果があります。逆に明度の低い寒色系、濃紺や深緑が使われると、どっしりと重厚な印象が強化されます。
もちろん周辺環境とのバランスもあるので、一概に対象物との組み合わせだけで判断はできませんが、対象物の面積が大きい程、色の重軽感・硬軟感が与える影響が大きいように感じます。
本体が持つ重量や硬質感にふさわしい色を選ぶ、という方法もありますし、あえて逆の印象を持つ色を選択することで重厚さを払拭することができる、という側面もあります。こうした手法は「カラーコンディショニング」といい、作業負荷の軽減などに色彩心理が応用されたことに由来します。たとえば中身の詰まった段ボール箱の外側が、白い場合と着色していない紙色の場合とでは、白い段ボールの方が軽く感じる、といった効果です。
建築や工作物は規模が大きい分、色の選択によっては見る側に何がしかの「負荷」を与えてしまう可能性もあります。「本体との相性や周辺環境への影響」に対する配慮や検証と合わせ、色が持つ心理的効果をうまく活用することもひとつの方法です。

41

雰囲気のある広告

Harunire Terrace, Karuizawa Hoshino Area, Nagano Prefecture, 2013 / 2014

色はさまざまなイメージを持っています。時にそのわかりやすさに頼るあまり、たとえば実際の商品やサービス、まちなみの印象とはかけ離れた外観やサインになっている例は少なくありません。色の持つイメージは多くの人と印象を共有できる要素でもありますが、それは経験や嗜好により大きく変化しやすいものです。
長く色彩に関わるうち、企業や商品のイメージ以上に、その店舗・その場所でサービス等を受けた際に感じられる雰囲気や季節感が大切なのではないか、と感じることが多くなりました。
夏の日差しを浴びて、涼し気に輝く白。周囲にある木々の紅葉で染めたような、深みのある赤。
何のお店か遠目からはわからずとも、人の目を・嗅覚を惹きつける「雰囲気」があると感じます。

人目を惹きつつ、地域の魅力も高める広告

この数年、景観の観点から屋外広告物の設置に関する審議等に関わる機会が多くなりました。屋外広告物は、印刷技術の発展とともに巨大化し、デジタル・サイネージの進出とあわせますます多様化しつつあります。
こうした中、来訪者がその広告に魅力を感じ惹かれるかということよりも「少しでも大きく・目立つように」広告を出したい事業者と「無秩序な掲出は景観の悪化を招きかねない」という行政とが、規制をめぐってさまざまに対立したり妥協点を探り合ったり、という状況が長く続いています。過剰に規制を厳しくすると行政側の負担も増えますし、これ以上緩和をしてしまうと景観法の策定以後、重点地区等で規制をかけてきた成果が台無しになってしまうという側面もあります。中庸な言い方になりますが、屋外広告物に関しては一定の規制ありきで、特例については掲出の仕方や内容の検討・審議を慎重に行い、適切な事後評価を他案件のために蓄積していく、という地道な作業がまだまだ必要であると考えています。
そのような状況の中、さまざまな自治体で屋外広告物に関するガイドラインが策定されるようになり、地域の景観にふさわしく、まちなみの賑わいの創出に役立ちながら、洗練された印象も兼ね備えているといった「優れたデザイン」への誘導が実践されています。
審議等に関わる身としては、法整備の実情に精通しなければならないことと同時に、たとえば左頁の事例のように、屋外に広告を掲出することによって来訪者を呼び込むだけでなく、地域の魅力を一層高めるような広告物のあり方を説きながら、より良い道を探っていかなくてはなりません。

42

馴染ませることで、見えてくるもの

Minatomirai 21, Yokohama City, Kanagawa Prefecture, 2015

CI（コーポレート・アイデンティティ）計画はシンボルとなる記号（ロゴ）と色がセットで繰り返し展開されることにより、企業やサービスの存在を広く認知させることに効果を発揮してきました。
一方、この手法がさまざまな業種に広く展開され、日本中に浸透したことにより、どこの風景も同じに見えてしまうという現象も起きています。しかし近年では、一律的なCI計画に頼らずとも十分に企業の目標や方針、イメージをアピールできることも実証されつつあるのではないでしょうか。
歴史を活かし、新しい開発ともうまく共存をしている横浜では、そこかしこでまちなみにふさわしい配色が選択されています。

長くその地にあるものを、尊重する色使い

横浜市は、都市デザインにおいて常に先駆的な取り組みを行い、変わり続けているまちです。建築や土木、都市デザインに関わる人は、何らかのかたちで横浜市の事例や成果を参照しているのではないかと思います。
歴史を活かすということは、多くの地域でその重要性が謳われているものの、特に建造物については耐震性や維持管理の費用等の観点から新しいものへと移行せざるを得ない、という事情もあります。ですが新しく建設されたり設置されたりするものの色が「その地域に似合っている」だけで、ここで暮らし・働く人たち、そして観光で訪れる人たちにとっても「歴史あるまちなみが尊重されている」ことが伝わり、普段から歴史の重要性やまちの成り立ちを意識するきっかけになることは間違いないのではないか、と考えています。
CI計画はマニュアル化され、どのような場所・地域・状況でも均一のイメージを展開でき、広告物の制作にかかる経費等を抑えることにもつながっており、地域ごとの対応は難しい、といわれてきました。ですが、デザインを変えなくても周囲にあるものと色相を合わせるだけで随分と落ち着きのある印象になりますし、高彩度色の面積を抑えることで「あ、他とはなんとなく違う」と思わせ、地域の景観に配慮している（優良な）企業、という良いイメージを根づかせることにも効果を発揮するように感じています。
左頁の写真はドライバーからすると「目立たずわかりにくい」という評もありました。こうしたさまざまな自治体や企業の対応に人々が慣れるまでには、まだもう少し、時間がかかるかもしれません。

43
白紙に計画、はあり得ない

Kosyu City, Yamanashi Prefecture, 2015 / 2016

都市やまちでの計画において、全てを一掃することは物理的に不可能ですし、例え全てを一掃し完璧と思われる絵が描けたとしても、そこで完結（完成）することはありません。
線を消したり、また描いたり、色を変えてみたり。足し算だけでなく、時には引き算もしながら、景色を整え続けていく、という色彩計画の可能性を考えています。
写真は、山梨県甲州市で実施された「駅から景観改善事業」の事前・事後の様子です。ぶどう畑が広がる丘の中で、過剰に目立っている白いガードレールの外側を、市民ボランティアを募って甲州ブラウン（10YR 4.0/1.0）に塗り替えました。

色による景色の「整え方」

2004年に策定された「景観に配慮した防護柵等の整備ガイドライン」* により「景観配慮＝茶色にすること」はまるで「どのような場合においても適切」であるかのように、全国各地に広まりました。私はさまざまな場面で「この場合は茶色でない方が…」というアドバイスをする機会が増え、実際、周辺環境を含め対象物のあり方を議論していくと、専門家でなくとも「これは茶色よりも寒色系の低彩度色の方がいいですね」などと、意見が出されるようになります。やはり、都度の検討や議論は必要です。
色彩の検討におけるアドバイスを行う場合は「さあ、何色が良いですか？」という白紙の状態から始めるわけではなく、「周辺の環境という条件」を整理し、まず私たちが道筋を照らすことを考えています。一定の範囲まで絞り込んだ後、関係者の意見も織り交ぜながら決めることは、完成後の納得感を生みつつ、非専門家の嗜好等に偏らない合意形成を図るための方法のひとつです。
景観は色だけの問題ではありませんが、私はそれでも「色彩にもできること」がまだあって、景色の印象を変える力を持っている、と信じています。左頁の事例では、ガードレールの構造やデザイン自体を何とかすべき、という意見もあることでしょう。ただ機能的に問題がないものを「景観の観点（のみ）から」新しいガードパイプ等に変更することは、地方行政の財源を考慮すればそれが優先される項目でないことは明らかです。
地域ならではの「景色の整え方の練習」に皆で取り組むべき時期が来ている、と考えています。

＊ 2017年、「景観に配慮した道路付属物等の整備ガイドライン」に改訂。

44

演出が映える色使い

Wuhan City, Hubei Province, CHINA, 2014

差し色、という言葉（表現）に強い憧れがあります。普段はなかなか、こうした色使いを試すことができませんが、実際に体験すると、素敵だな・良いなと思います。
そして、なぜこうも印象的に見えるのかを冷静に（落ち着いて）分析し、こうした色使いを私もぜひいつかどこかで、という思いを温めています。
地が整っている、緑がアクセントになっている、その補色である赤が差し色として映えている…。
窓周りの白も、アクセントになっています。

色を印象的に見せる方法

紙面が限定されたポスターやフライヤー等のグラフィック・デザインや、製品として完結しているプロダクト等においては、必要に応じ「アクセントを効かせる」といった「手法」が、まさにアクセントとして全体を引き締めたり、強調したい部分を印象的に見せたりしている例が数多くあります。
一方、まちなみの中で建築の外装に目を向けると、アクセントとして展開した色や素材が「唐突に」見えてしまうことがあります。都度その要因を考えていますが、左頁の印象的な事例と比較して考えると、どれだけ「潔く」色が使えているか、の違いが挙げられるのではないか、と推測しています。
まちの中で印象的な色に出会うと、心が浮き立つとともに、少しホッとすることもあります。それは行為をする側（この場合は店舗）の演出の意図に気づくことで、見知らぬまちでも「人の気配」が感じられるからなのではないか、と考えています。左の写真は中国湖北省武漢市です。それまで持っていた中国のどのようなイメージとも違いましたし、どこか懐かしい印象も感じられました。言葉の通じない初めての場所で、ちょっとこういうところでお茶を飲んでみたくなる——。つい、そんな気持ちになりました。
色はやはりサインなのだと感じます。どうぞお入りください、という店主からのメッセージ。それがストレートに届くためには、シンプルに色だけで勝負する潔さが必要なのかもしれません。加えて「鮮やかな色の居場所」が、1階の人の目線部分に限定されていることで、まちなみの印象は崩していない、ということも「効いて」いるように感じます →33。

45

変化する周辺環境

Funabashi City, Chiba Prefecture, 1997 / 2019

色彩計画を約20年前に担当した団地に、改修のため再び携わることになりました。
しばらくぶりに訪ねてみると、周囲には多くの集合住宅や商業施設などができ、まちなみが大きく変化していました。
当時は穏やかで柔らかい印象が良しとされた配色も、時間を経ると物足りなさが感じられました。
住棟の配置や外観の意匠は変えられない分、これからの20年の経過を見据え、十分に彩度を下げ明度の対比をしっかりとつけ、より落ち着きのある印象をつくる色彩計画案が選択されました。
改修を機に新しいサインをデザインし、エントランス周りや妻側の表示に展開し、各住棟の識別性を明確にしています。

時代や環境の変化に応じ、新しい魅力をつくる

近年、長く仕事をしているとこういうことがあるのか、という場面に出くわす機会が増えてきました。そのひとつに、私自身が手がけた色彩計画の改修を再度担当する機会に恵まれるということがあります。
私たちは公的な団地の外装色彩計画を数多く手がけていますが、個人の住宅と異なり、維持管理は行政や独立行政法人等が行っています。数年で担当者が変わる場合が多く、15〜20年後に再び改修の時期が来ても以前の色彩計画を誰が（どの会社が）担当していたか、不明な場合が少なくありません。
そうした中、この1〜2年の間に4つの団地の「再塗装」に関わる機会に恵まれています。うち3つは「偶然」で、業務を発注する側も以前の計画が私たちの担当だとは知らなかったとのことでした。
そうした場合、ほとんどの方に「…変えない方が良いでしょうか？」と、やや遠慮気味に尋ねられます。ところが私たちは「周辺の環境がこれだけ変わっているのですから、変えましょう。特に汚れが目立っている部分は、目立ちにくい色に変えましょう」という提案を積極的に行っています。
塗装は、他の建材に比べ調色の自由度の高い仕上げ材です。その時代、その環境に応じて「適切な色」を選ぶことができるということ、そして時間が経過した味わいのある団地（住宅）に「新しい魅力」を与えることができるという可能性を信じ、引き続き実践していきたいと考えています。

46

建築以外の要素がつくる彩り①

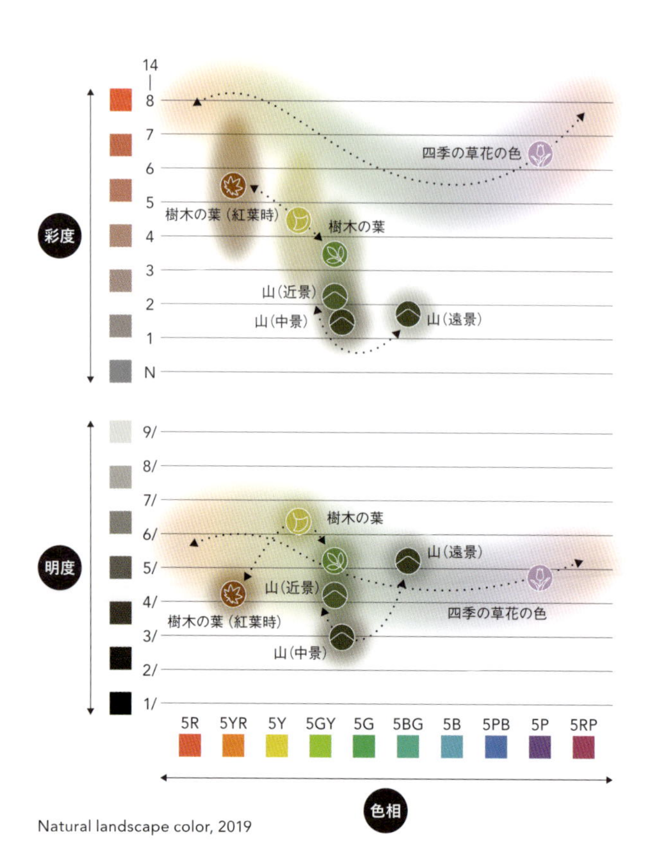

Natural landscape color, 2019

自然景観の色は季節や距離の変化に合わせ、刻々と移り変わります。
たとえば山の緑は遠景では彩度が低く、中・近景に向かっては明度が下がっていきます。樹木の葉の色は、鮮やかなものでも彩度６程度以下、４程度が中心です。
秋になり紅葉する葉はＹ系〜YR系へ向かって徐々に彩度が高くなり、明度が下がっていきます。
このような傾向を見てみると、推移の中にも上限や下限、色相のまとまりなど、それぞれに特徴があることがわかります。
たとえば私たちは「動かないものの基調色は樹木の緑が持っている彩度を超えないこと」という指標を立て、周辺との対比の具合を見極めていきます。

自然の変化を味方につける

「単色・淡色では『さみしく』ないだろうか、何かアクセントがあった方が良いのでは」というオーダーを受けることが多くあります。また、ごく稀にではありますが「何か色で遊んでみたい」と言われることもあり、色にはやはり、何がしかの効果が期待されているものなのだな、と感じます。
私は色彩を扱う仕事をしていながら、人工物（特にその場から・それ自体が動かない、規模の大きなもの）の色彩は、周囲の変化によって見え方が変わるので、人工物の色「だけに」効果を期待しなくても良いのではないか、と徐々に感じるようになりました。
以前携わった、公園の中にある水生動物を展示する施設の改修では、既存の建物の外装色が鮮やかな水色だったのですが、緑豊かな公園の中ではやや唐突で人工的な印象が強調されていました。施設の周辺には落葉樹が多くあったことから、外装色を自然界の基調色でもある穏やかな暖色系の低彩度色に変えたところ、背景の色が変わったことにより秋の紅葉が大変印象的に見えるようになった、という報告を受けました。
規模の大きな人工物の色で何かを主張・象徴せずとも、周囲の変化によりさまざまな表情や印象がつくり出されることの方が、その環境にとっては良い効果をもたらすのではないか、と考えています。
自然は時に猛威を振るいますが、日常においては季節や時間の変化を身近に感じさせてくれる、重要な存在です。その彩りは数千年・数万年の人類の営みの中で、変わらず繰り返されてきましたが、不思議と飽きることはないように思います。

47 建築以外の要素がつくる彩り②

Shinji Ohmaki "Echoes Infinity ～Immortal Flowers～"
Tokyo Garden Terrace, Chiyoda Ward, Tokyo, 2016

まちの中ではっとする色に出逢いました。

千代田区紀尾井町の再開発エリアの広場に設置されたパブリック・アート、現代美術家・大巻伸嗣さんの「Echoes Infinity ～Immortal Flowers～」という作品です。
落ち着いたトーンながら硬質で人工的な印象のまちなみに、アートの鮮やかな色がまさに彩りを添えています。地下鉄の出入口付近であることから、地域の新しいランドマークとしての役割も担うことでしょう。
周囲を歩く人・水辺のほとりに腰掛け、憩う人。
刻々と変化する人の動きもまた、まちに彩りを添えています。

都市に映える色

都市部の高層建築物が無彩色化・高明度化の傾向にあるということは、私たちが数年前に東京都内で行った広域的な色彩調査によっても明らかですが、そうした環境では、緑化の推進によりまとまった緑（地）が確保され、自然の緑の映える環境が形成されている、という側面もあります。
ガラスや金属をはじめとする素材やニュートラルな色調でまとまったまちなみと、自然の緑がつくる色彩環境は、都市部で働く・過ごす人たちにとって快適な環境をもたらしているものの、新しいまちの印象は似通ったものとなり、その場所の個性や特徴が見えにくい部分もあります。
そうした状況の中、都市の「新しい」個性をつくる要素として、高層建築物の足元に置かれたパブリック・アートはヒューマンなスケールに近く、無彩色化・高明度化が進む都市の中で「ちょうど良い色のボリューム」を与えているのではないか、と感じました。
立体的な作品はさまざまな角度から見られるため、常に多様な表情を見せてくれるということも特徴です。道行く人の視線を集め、地域のランドマークとなるパブリック・アート。公共空間で大胆に・自由に色を使うことが許されるのは、もしかするとアーティストだけの特権なのではないか、と羨ましく思うことがあります。

48

飽きる・飽きない

Omotesando, Shibuya Ward, Tokyo, 2010

命あるものが鮮やかな色を持っている、という自然界の色彩構造 →32 に倣うとするならば、工事用の仮囲いがこれほど鮮やかで、人目を惹くことに至極納得がいきました。
一時的にしっかりとした印象を与え、もとの姿や新しい姿に変わっていく。まるで生物が脱皮したり、季節や状況に合わせ自らの色を変えるように。
まちも・都市も生きています。

時間の経過を想像する

たとえば時代の流行などのように、私たちは変化と無縁には生きられません。新しい商業施設ができればメディアが取り上げ話題となり、建築雑誌には新しい住宅やオフィスが次々と登場しています。現代の情報社会が持つスピードに対し、ものやまちの消費期限というか、更新・刷新のスピードも徐々に加速しているようにも感じます。
そうした状況の中、私が計画に携わる機会の多い団地の改修等は、修繕が計画的に実施されることから、外装色の更新は15～20年周期というサイクルが見えています。改修の際、外装色を選定する場合はまずこの「15～20年」という時間の経過を徹底的に想像しています。この時間は塗装が持つ寿命の目安、と言い換えても良いでしょう。
周辺の変化も含め、先を見越すということは大変難しいのですが、同じ時間の経過を遡ることは比較的容易です。自分が過去に計画した案件を数年ごとに確認したり、経年変化がどの場所・部位で発生しやすいのかということを観察することで、どのような「色域」を選定する必要があるのか、把握することができます。また、長い時間の経過に対し、飽きの来ない色を選ぶという観点では、しっかりとした地（基調となる色）をつくることが重要で、環境の中で動かないものに過剰な色気を求めない、という姿勢が必要だと考えています。
一方、飽きる・飽きないという感情は、年代や経験によって異なりますし、飽きることが良くない、ということでもありません。むしろ「人は、基本的には飽きっぽい」という意識を持つことで、変化をつくることが容易な部分に対し、積極的に変化をつくっていくということに、創造の可能性がありそうです。

49 賑わいは活動がつくる

"KANNAIGAI OPEN!8", Yokohama City, Kanagawa Prefecture, 2016

都市やまちに関わる仕事をしていると、色は「賑わいの演出」要素として駆り出されることが多く、たとえば「屋外広告物がなくなると賑わいが感じられなくて寂しい」とか、「もっと賑やかな色使いで」等と要望されることが多々あります。

空間や環境において色彩がつくり出す「賑やかさ」は確かに楽し気で魅力を感じるものの。ただたくさんの・鮮やかな色があるだけの状況は、一時的な表現や演出には効果的かもしれませんが、その場所や地域の継続的な賑わい（＝活動）にはつながりにくいのではないでしょうか。

賑わいがあふれる活動をしかけたり、活動を促すような空間づくりを行うことで、色鮮やかな環境を生み出すことに興味があります。

色は賑わいや活動をつくれるか

賑わいはやはり人の活動がもたらすもので、色に対する「賑やか」という表現は、あくまで形容、あるいは比喩的な表現だと考えています。
商店街がシャッター通りとなり、寂しいので絵を描いて「賑わいを」。人通りの少ない道なので、舗装に何かパターンを描いて「賑わいを」。そのような依頼をされることもあります。
シャッターの絵などは地域性を考慮したテーマを選定したり、制作のプロセスも含め話題性を発信したりするなどの工夫で、訪れる人を楽しませたり、地域の継続的な活動につながったりという効果が期待されますが、「なんでも絵を描けば賑やかになる」というように行為が目的化してしまわないよう、留意が必要です。
III「自然界の色彩構造」で記した通り、自然界において鮮やかな色は「命あるものが持って」います →32。
自然界にはまた「鮮やかな色により他の生物を引き寄せる」という種の保存に関わる特性もあります。花であれば受粉を促すため、昆虫や鳥であれば異性を引き寄せるため。目的は違っても「目を惹く」ことがテーマであることに変わりはありません。ならば「賑わいの創出」という目的のために、鮮やかな色が用いられても良いのかもしれません。その場所に色があるから、人が集まる（集まりやすい）という状況も考えられます。目印があることで、その場所に華やぎが生まれるということもあるでしょう。
ただし、その「人目を惹く」効果は一時的なものであることがほとんどです。鮮やかな色を使う場所が常設か仮設か、という時間軸との兼ね合いも考慮しながら、継続的な賑わいや変化を生み出していくことを考えています。

50 誘目性のヒエラルキー

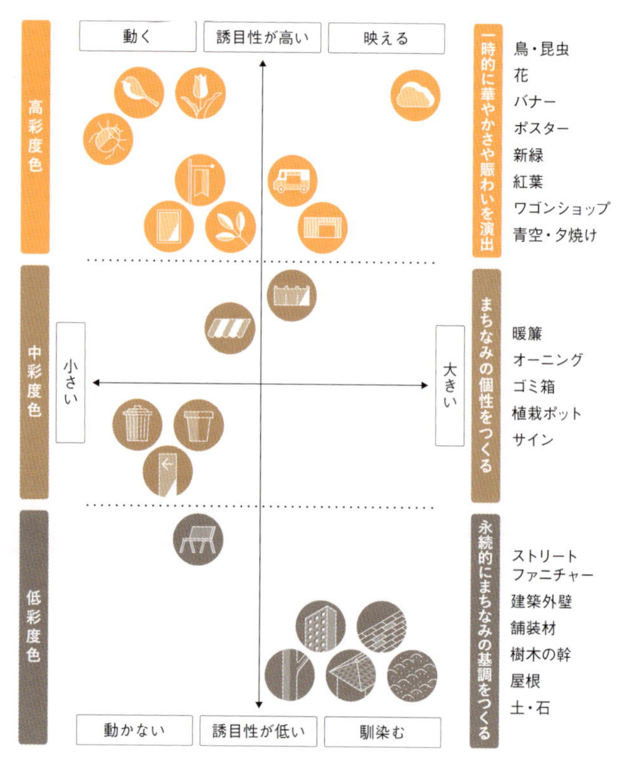

Hierarchy of visual attraction, 2019

計画を行う際、対象となる要素が環境の中でどのあたりに位置づけられているのか、ということを考え、色の検討や選定にあたっています。
上図は「誘目性のヒエラルキー」と呼んでいるもので、縦軸にその要素が動くもの（図）なのか、動かないもの（地）なのか、横軸には面積の大小を位置づけ、環境を構成するさまざまな要素の関係性を可視化することを試みています。
たとえば敷地の目の前にイチョウの木（動く色）があったら、動かないものの色は紅葉する葉の色の明度や彩度を超えないようにし、色の変化はそちら（動く色）に任せればいいかな、といったように考えます。
さまざまな検証を行う際の、指標のひとつです。

尊重すべきことの優先順位

私たちは環境色彩計画の視点を示すために、左のような図を使うことが多くあります。「誘目性」というのは、色が人の目を惹きつける「度合い」のことで、一般に暖色系・高彩度色の方が寒色系・低彩度色よりも誘目性が高い、といわれます。たとえば自然の緑を印象的に見せたいとき、鮮やかな暖色系が緑と同等のボリュームを持ってしまうと緑の誘目性が低下してしまいます。
ひとつの建築物・工作物の色を検討する場合でも、周囲がどのような色彩環境を持ち、環境全体の中で対象が「どう見えるか（見えそうか）」ということを明らかにすることは重要です。対象となる計画を環境のひとつの要素として捉え、環境における「色彩的な階層分け（ヒエラルキー）」を考えていきましょうという、共通の認識を持つためのツールともいえます。
このツールは建築や工作物の色彩計画の方針を立てる際だけではなく、屋外空間の舗装やさまざまな設備・施設の色彩検討の際にも重要な役割を果たします。新しく設置する設備や施設は、その効果や機能を「認知してもらうため」、主張の強い色や周囲との対比の強い色が用いられがちです。また地域の名産・特産品をモチーフとし、そのイメージカラーを設備や施設の外装色に展開する例も、一時期各地で見られました。
建築や工作物、公共の設備や施設に特徴ある色を使ってはいけない、ということでは決してありません。でも目立たせることのみが優先されたり、地域のモチーフをさまざまな場所に展開することが称賛されたりする前に、まずは「環境における対象物の位置づけ」を明確にし、その中で「何を最も尊重すべきか」という検証は、あって然るべきなのではないか、と考えています。

Part 2

色彩を使いこなすための基礎知識と目安

色を選んだり、配色を検討したりする際。やみくもに「色出し」をするのではなく、色の構造や見え方の特性を理解しておくことで「誤解や錯覚」を避けることができる、と考えています。

配色の事例集や参考書も多くありますが、本書では「建築・土木設計や、色彩を活用した景観まちづくり」等に従事する方々が、最低限これだけは身につけておけば何とかなる、というぎりぎりのところまで項目を絞りました。

基本となる色の構造

51

表色系とは

Color system, 2019

色の正確な表記をもとめて

これまでさまざまな研究者が「色を表記する」ことを試みてきました。
多くの要素からなる色をどうやって数値化し、わかりやすく表記するか——。こうした研究は、18世紀後半の産業革命以後、大きく発展したといわれています。たとえば、製品を大量に生産しようとするとき。それまで一定の範囲内・共通の言語圏で交わされてきた「おちついた赤」等の表現では開発や管理がままならず、さまざまな不具合が生じたであろうことが推測できます。
正確に色を表すという試みは、20世紀に入り国際的に共通性を持つ方法がいくつも開発され、色彩の調和論へと発展していきます。
より正確に、よりわかりやすく。研究の歴史を振り返ると、研究そのものへの興味や熱意はもとより、時代や社会の要請に背中を押されているのではないか、と思えてきます。
たとえば、世界地図にはメルカトル図法や正距方位図法など、さまざまな図法があり、いずれも2次元に置き換える際、面積あるいは距離など、どこかに矛盾が生じてしまうという特性があります。そのことと、色における表色系の多様さは、矛盾を補うためにさまざまな特性を持つものが併用されているという点で、とても似た部分があるのではないでしょうか。
世界地図では2006年にオーサグラフという新しい図法が開発され、より正確な表記が可能となったそうです。表色系においても、より正確な表記の可能性がまだまだあるのかもしれません。

52

マンセル表色系

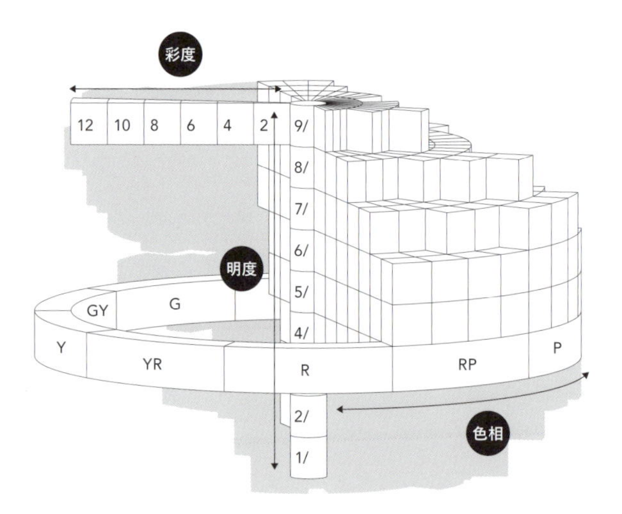

Munsell color system, 2019

汎用性の高い色のものさし

さまざまな表色系の中で、JIS（日本工業規格）に採用され、現在のところ色彩管理や表記に最も広く活用されているのが「マンセル表色系」です。
色を3つの属性（色相・明度・彩度）に分解し、その組み合わせにより固有の色を示すことが可能です。
マンセル、というのは人の名前で、アメリカの画家で美術教育者でもありました。著書『色彩の表記』（1905年）には、その理論が大変丁寧に、わかりやすく解説されています。
マンセル表色系はカラーオーダーシステム（物体色を順序良く配列し、合理的な方法または計画で標準化した表色体系）、ともいわれるように「システム」であることが最大の特徴です。
表色系の活用法のひとつに「ものさし」のように「測る」→88 という用途があります。物体色を表記することはもちろん、ある色からある色までの距離を測ったりして色同士の比較検証を行うことにより、その差異の度合いから調和ある配色をつくり出すことなどにも大いに役立ちます。
前項に示したように、マンセル表色系も表色系として完璧なものではありません。色相（色合い）ごとに最高彩度の数値が異なるため、左の図のようにマンセル色立体には「ゆがみ」が生じます。視覚的な等歩度が優先されているためで、彩度が同じ数値でも色相が異なると鮮やかさの感じ方が異なります。これは「ゆがみ」がもたらすマイナス要因ですが、その点に留意していれば鮮やかさの感じ方の違いをあらかじめ見込んで計画する、といったことも可能になります。

53

色相【しきそう】

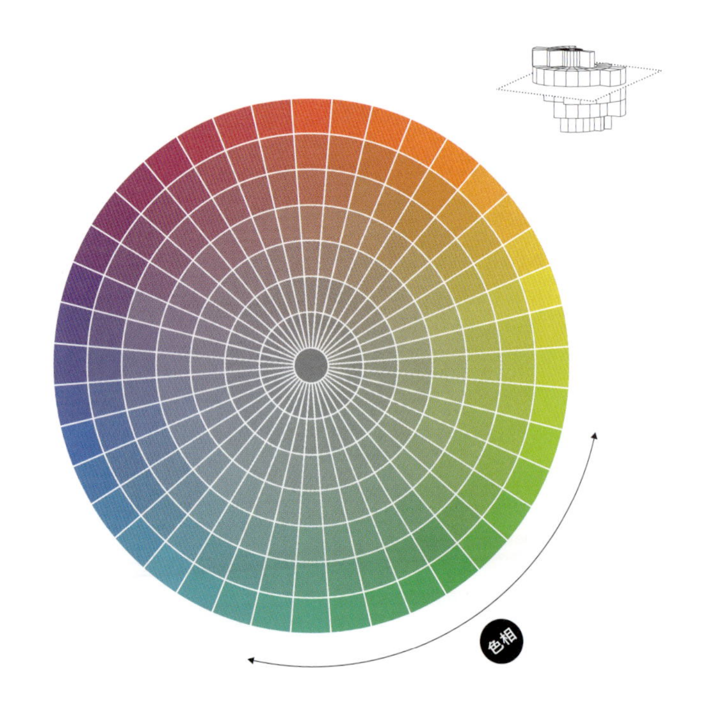

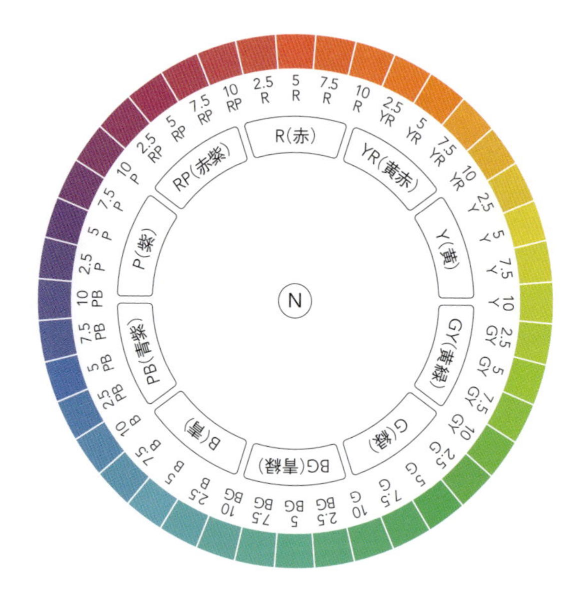

Hue ring, 2019

配色の基本となる色合い

マンセル表色系では、R（赤）・YR（黄赤）・Y（黄）・GY（黄緑）・G（緑）・BG（青緑）・B（青）・PB（青紫）・P（紫）・RP（赤紫）の10色相を基本としています。さらに各色相は4分割されて、2.5・5・7.5・10の数字が割り当てられ、たとえば赤系の場合、2.5R・5R・7.5R・10Rと表記します。
マンセル表色系に準拠した「JIS標準色票」では、この10色相を4分割した40色相が採用され、全2163色の色により構成されています。
色相は左図のように「環」となっており、隣接する色相と連続的な関係性を持っています。色相の数値は大きくなるほど右隣の色相に近づき、10R（じゅうアール）の次が2.5YR（にーてんごワイアール）、となります。
色味を持たない無彩色は環の中には入らず、中心に置かれています。無彩色＝Neutralの頭文字をとってNで表記されます。
各色相の中心（赤でいうと赤紫にも黄赤にも寄らない、最も赤らしい赤）は5となっています。5R・5YR・5Y・5GY・5G・5BG・5B・5PB・5P・5RP、が各色相の中心色です。
色を「使いこなす」ためには、まず色相（色合い）がこうして「環」状に連続性を持ち、段階的に隣接する色相へ移行していくことを十分に理解しておくことが重要です。
色相はまた、さまざまな印象の基盤となる「色の性格」でもあります。

54
明度【めいど】

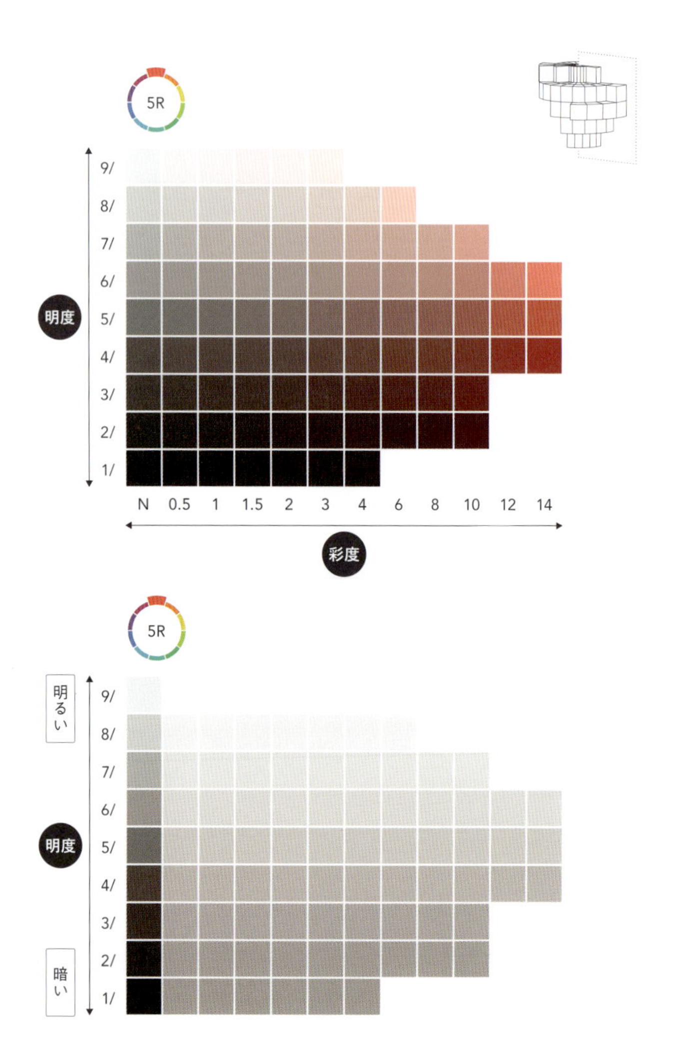

Value chart, 2019

光の反射、吸収による明るさ•暗さの変化

明度は明るさ・暗さの尺度です。
マンセル表色系では、最も理想的な黒を0、最も理想的な白を10とし、その間を11段階に分けて表記しています。
理想的な、というのはたとえば黒の場合、0だと完全に光を吸収してしまう色で、物体色として普通は存在しません*。ですから、マンセル表色系の表記では下限が明度1、上限が明度9.5となっています。JIS標準色票は1.0刻みですが、日塗工の色見本帳では0.5ずつの変化の他、近年では無彩色系や一部の高明度色には明度9.3や8.7のものなど、より多様な色が掲載され、特に高明度（明るい）色に対する要求の高まりやより微細な使い分けがなされていることが伺えます。
建築や土木の世界においては、対象となるものの規模が大きいことから、その対象物が持つ明度の印象が周辺の環境に大きく影響を与え、また影響を受けるという特性を持っています。
後述の「色の見え方の特性 ①」→57 に記載しますが、単体（単色）での見え方だけではなく、背景や周囲にあるものとの「関係性」を見極めることが大変重要です。

＊ 実際には存在しないものとされてきましたが、近年ペンタブラックという特殊塗料が開発され、99.9%以上の光を吸収してしまう、という物体色が出現しています。

55

彩度【さいど】

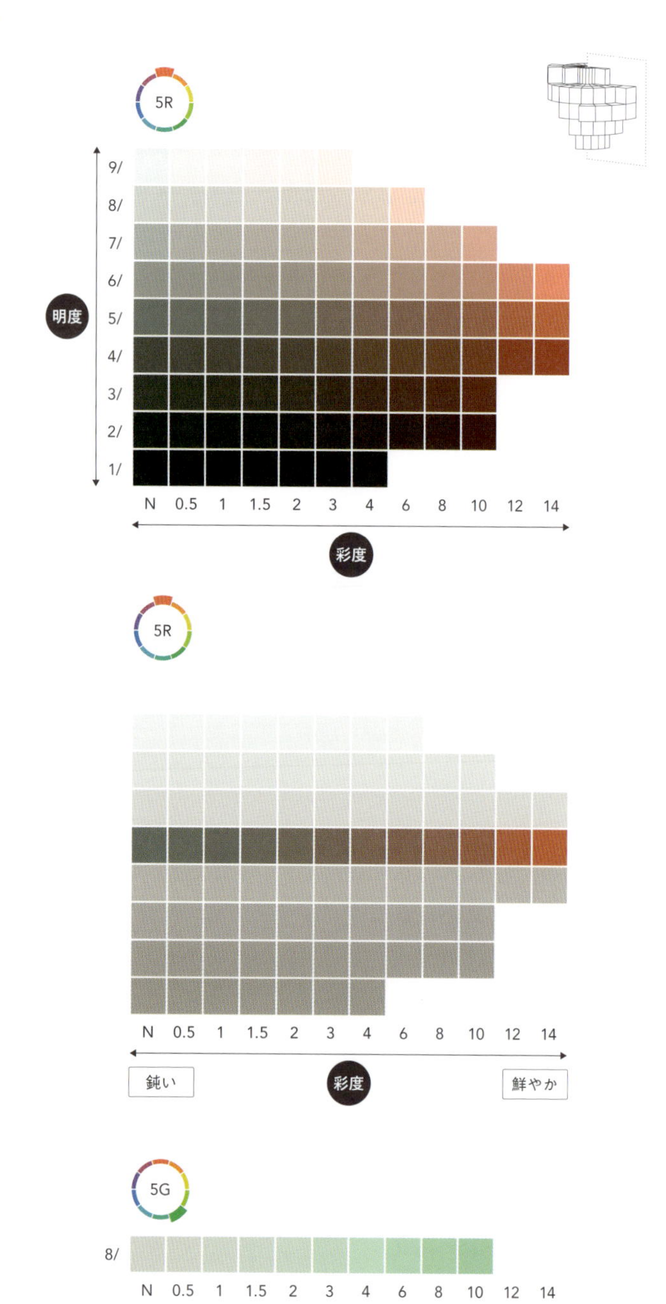

Chroma chart, 2019

鮮やかさ•鈍さ、派手さ•地味さ

色味を持たない無彩色（彩度0（ゼロ））から数値が高くなるに従い、鮮やかさを増すのが彩度です。
マンセル表色系では、色相によって最高彩度（純色・原色）の数値が異なり、たとえば5R（ごアール・最も赤らしい赤）の明度6の段では、最高彩度は14となっています。これをマンセル表色系では「5R 6/14」と表記し、「ごアールろくのじゅうよん」と読みます。
数値が高いほど鮮やかで、派手な印象を与えます。逆に数値が低いほど鈍く、中・高彩度色と比較した場合には地味な印象を与えやすい、という見え方の特徴があります。
鮮やかな色はそれ自体、高い誘目性（人の目を惹きつける性質）を持ち、低彩度色と高彩度色を比較した場合、どうしても鮮やかな方へと目が行きがちです。
よく使われる色の範囲は専門領域ごとに異なると思いますが、建築や土木の場合、暖色系で彩度4程度以下・寒色系で彩度2程度以下に集中しており、特に暖色系では彩度0.5～1.0程度の色が多く見られます。そのため日塗工の標準色見本帳では、外装色に多く使われる低彩度色は0.5刻みで表記されている色が多くあります。
JIS標準色票の5G（緑系）の場合、最高彩度は10までしかありません。表記や管理等を目的としたJIS標準色票では、たとえば印刷などで表現できる鮮やかさの限界よりも最高彩度の数値が低いことも少なくありません。
近年では技術の発達によって発色の良い色が再現できるようになり、より鮮やかな色調を屋外で使用することも可能になっています。

56 トーン

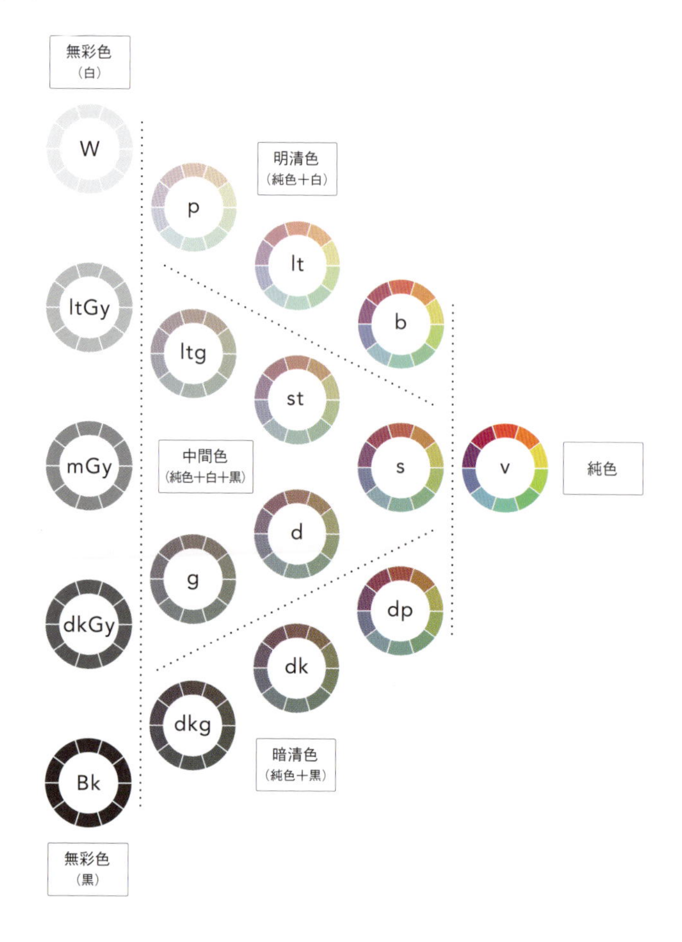

無彩色

W (White) ・・・・・・・・・・・・・・・・ 白
ltGy (light Gray) ・・・・・・・ 明るい灰色
mGy (midium Gray) ・・・・・・・・ 灰色
dkGy (dark Gray) ・・・・・・・ 暗い灰色
Bk (Black) ・・・・・・・・・・・・・・・・ 黒

明清色

p (pale) ・・・・・・・・・・・・・・・・ 薄い
lt (light) ・・・・・・・・・・・・・・・・ 浅い
b (bright) ・・・・・・・・・・・・・ 明るい

中間色

ltg (light grayish) ・・・・・ 明るい灰みの
g (grayish) ・・・・・・・・・・・・・ 灰みの
st (soft) ・・・・・・・・・・・・・ 柔らかい
d (dull) ・・・・・・・・・・・・・・・・ 鈍い
s (strong) ・・・・・・・・・・・・・・ 強い

暗清色

dkg (dark grayish) ・・・・・・ 暗い灰みの
dk (dark) ・・・・・・・・・・・・・・・ 暗い
dp (deep) ・・・・・・・・・・・・・・・ 濃い

純色

v (vivid) ・・・・・・・・ さえた・鮮やかな

Tone chart, 2019

配色の検討を前提とした色の分類

マンセル表色系では数値の刻みを知覚的等歩度で設定しているため、色相により最高彩度にはばらつきがあります。マンセル表色系において、各色相における最高彩度の違いは、数値で構造を示しておきながら、同じ彩度でも色相によって色の印象が異なるという矛盾を生み出しています。
トーン（調子）は色の明度と彩度を組み合わせた概念で、「色の強弱」を表します。左頁のトーン図は1964年に日本色彩研究所が開発した表色系・PCCS（Practical Color Coordinate System）のトーン図を元に作成したものです。PCCSは知覚的等歩度にこだわらず、あくまで「見た目の印象」が同等に見える明度・彩度を12のグループに分けたトーンという概念を色相と組み合わせることで、色彩調和の理論に基づいた配色をしやすくする教材等に活用されてきました。
トーンはまた、それぞれに形容する語句が設定されていることが特徴です。あくまで目安ですが、たとえば「さえた」トーンで構成したいという場合には、色相を問わずヴィヴィッドなトーンの色群を用いることが近道である、という具合です。
マンセル表色系をはじめとする色を表すためのシステムは、立体的な色彩の構造を平面的な表記に置き換える段階でいくつかの不具合を生じます。こうしたトーンのように2つの要素をまとめるグルーピングという考え方は、複雑に見える・感じられるものごと（＝色）の成り立ちを紐解き、理解をしやすくするきっかけになるのではないかと考えています。

57 色の見え方の特性①

上図4 つとも、中央にある3 本の灰色のラインは全て同じ色です。
背景色に影響を受け（対比）、暗く見えたり明るく見えたりします。

3 本のラインは、左の白・右の黒ともに上下で同じ色です。
左右を比較して見ると、背景の正方形の色がラインの色に影響を受けていることがわかります。

Simultaneous contrast of colors, 2019

色と色の間で起きていること

色の見え方は周囲や背景の色との相対的な関係にあり、単色を見ている「つもり」でも、決して単独での見え方を判断している（できている）わけではありません。
私は、これが色の持つ特性の最も象徴的な部分である、と捉えています。周囲の状況（色）が変われば、対象物の見え方も変わる。相互に影響し合う、ということが色の面白さでもあります。
くどいようですが、色はそのように「見え方が変わりやすい」ものなのです。同じ色を同じ場所で見る場合でも照明の光源や背景の色が変われば対象物の見え方が変わるため、これに光沢やテクスチャーによる陰影などが加わると「もはや正確に色を把握するのは不可能」とも思われがちです。
一方、私たちは長くそうした環境（色と色とが相互に影響し合う状態）で暮らしていて、意識せずともさまざまな見え方を体験し、時に何らかの判断を下しています。
そのとき「色と色の間で、何が起きているのか？」という視点を持ち、その現象性を意識することで、「色の見え方」に対してある種の信頼を持つことができるのではないか、と考えています。
見え方を知っている、という色に対する信頼は、判断の根拠や決定の要因につながります。
私はこれまで、周囲や背景にあるものとの対比や相性を考慮し、色の見え方や効果を判断してきました。それは決して絶対的なものではありませんが、何より、判断や決定の事由を説明できることがありがたいと思っています。

58 色の見え方の特性②

暖色系と寒色系では、暖色系の方が進出色（並置した際、手前に突出して見える）です。

明度が同じ場合、低彩度色と高彩度色では、より彩度の高い方が進出色です。

Advance and retreat, 2019

進出・後退

色の見え方の特性を知ることは、さまざまな効果を引き出すことにもつながります。
たとえば明るい色（高明度色）は暗い色（低明度色）と比較すると、手前に進出して見え、低明度色は後方に後退して見えるという特性があります。
こうした特性は私たちの身の回りでも応用・活用されており、誘目性の必要な道路の白線や交通標識などはその最たる例といえるでしょう。
これらは、比較する対象があって初めて、その効果が発揮されます。さらに、比較する対象との「対比の程度」が見え方にさまざまな影響を与えます。対比の程度のコントロールにより、対象物同士の距離を縮めたり、離したりすることができる、と言い換えることもできます。
たとえば私たちは、建築の外装色彩にこうした効果を展開することを試みてきました。奥の壁面には明度を抑えた色、手前の手摺壁や外階段などには明度を上げた色を配する、という配色を行うと「奥と手前」の距離感が同色の場合よりも明確になり、立体感や陰影がしっかりと見えてきます →22。
だからといって、その反対の配色が成り立たないわけではありません。手摺壁や外階段などに高明度色を展開すると、仕様によっては経年変化による汚れが目立ちやすい、という場合もあります。見え方の特性がもたらす効果に加え、仕上げの機能面にどう影響するか、特に塗装の場合はその点も意識しています。

59

色の見え方の特性③

日塗工見本帳（ポケット版） 14mm × 50mm

名刺サイズ　55mm × 91mm

Study, 2019

小さな色•大きな色

二十数年前、まだ駆け出しの頃。複数の建築家が選んだ色を、総合的に調整するというプロジェクトに関わりました。その当時はまだコンピューターソフトを使っていなかったため、建築家の方が自ら、設計された住棟の外装色をさまざまな色票から選び、その小さなチップと同色の大きな色票をエマルジョンペイントで制作する、というところから作業が始まりました。
隣り合う住棟同士のバランスを見てみるために、B３サイズの色票を一度に何枚も作成し、その色票を1/100の図面を使って立面のかたちに切り抜き、窓等もグレイの用紙を貼っていわば切り絵のような着彩立面図を作成していました。
建築家の方々が選んだ色票を忠実に着彩立面に再現し、打ち合わせに持って行ったところ——。皆さん一斉に「こんな色、選んでいない！間違っている！」と言われ、新人だった自分は冷や汗をかいたことを鮮明に覚えています。恐る恐る、渡された色票と着彩立面を比較すると、合っていました。一同、また一斉に「でも違うものは違う、こんな色にしたいわけではない！」と…。
これはいささか厄介な、色の見え方の特性のひとつです。同じ色でも、大きさにより見え方が変わります。小さな色票は、大きな面積で見ると明度・彩度ともに高く見え、ともすると「明るく・派手な」色を選定してしまいがちです。
特性がわかれば、対処することができます。小さな色票はあくまで予備選定、詳細な検討は大きめの見本を用意し、実際の見え方に近いかたちで検証をすれば良いのです。

60

配色の調和とは

本書を執筆するきっかけとなった、武蔵野美術大学基礎デザイン学科50周年記念展「デザインの理念と形成：デザイン学の50年」に出展したカラーモデルと、冊子『色彩の手帳 50のヒント』。着色した25枚のピースはすべて10YR系であり、どのように組み合わせても色相調和型の配色が構成される。

Color model, 2016

調和の「型」を使いこなす

色彩調和には音楽のコードやジャンルと同じように、さまざまなタイプがあります。
2次元における配色、あるいはウェブデザイン等においては、配色のルールやデザイン手法がまとめられた書籍も多く、広く活用されていることと思います。対象物単体の中だけで何がしかの調和をつくることは、配色のノウハウを活用すればさほど難しいことはありません。
一方、こうした「配色のノウハウ」が建築や工作物に適用しにくい理由として、規模の大きな対象物は周辺環境との関係性はもとより、対象物が持つ用途や目的、さらには地域（場所）や人との関係性を切り離すことが難しいということが挙げられると考えています。
やはり私たちは、建築や工作物が実際にその環境に置かれている「状態」を見ているのだと思っています。とはいえ、周辺との調和の形成に定石がない、というわけではありません。さまざまな国のまちなみ、建築や工作物の色を測ってきた結果、周辺と調和した印象を与えやすい配色の「型」はおおむね以下の3つに集約されるのではないか、と考えています。
まずは色相調和型 →11。全体の色相にまとまりのあるパターンです。次に、類似色相調和型。黄赤系〜黄系等、隣り合う数種の色相でまとまっているパターン。最後に、トーン調和型。色相は多様でも、トーンにまとまりのあるパターンです。
ちなみに調和、というとかく均質で画一的、という印象を持たれることもありますが、色彩学においては対比も調和の一種に含まれます。基調となる部分は色相調和でまとめ、その中で明度の対比を効かせていく、といったバリエーションが考えられます。

61

色見本の種類と使い分け

1)『色彩の定規 拡充版』　2) DICカラーガイド『日本の伝統色』　3)『PANTONE SOLID CHIPS (Uncorted)』　4) 日本ペイント株式会社『CHROMARHYTHM』

必要最小限と最大限

「これさえあれば」の項 →01 に記載しましたが、色見本を使う主な目的は、色の選定や指定のためと、測ったり比較検証したりするため、この2つです。
私たち人間は、およそ700万色以上の色を見分けることのできる能力を持っているといわれています。そのことから考えると、視認できる全ての色を見本によって再現することは物理的に不可能ですし、何より実用性に欠けています。
色は全体として数えきれない（測りきれない）ほどある、という前提のもと、目的に応じて市販の色見本を使い分ければ良いと考えています。「これさえあれば」の項で紹介した日本塗料工業会が発行している「塗料用標準色見本帳」はその必要最小限の代表です。
日本色研事業が発行する『色彩の定規 拡充版』*は、JIS標準色票に準拠した40色相の明度・彩度が体系的にまとめられた色票集であり、景観協議等に従事する行政の担当窓口やデザイン教育等に携わる方々に大いに役立つ1冊です。
グラフィックやプロダクトの分野で長く活用されているDICのカラーガイドは、切り取ることのできる短冊式であることや、インキの配合表やRGB変換値が付属していることから、配色の検討から指定までトータルに網羅でき、専門家にとってはありがたいツールです。市販されている色見本の中ではこれが最大限の色数を持っている、といえるでしょう。
DICカラーガイドは色数の多さが魅力ですが、マンセル表色系の比較的シンプルな体系に慣れてしまうと、システマチックに色を選ぶことがやや難しい点もあります。

＊ 日本色彩研究所監修『マンセルシステムによる 色彩の定規 拡充版』（日本色研事業、2014年）

緑とまち

緑はJISに規定される「安全色・識別表示の色」において、「安全、避難、衛生、救護、保護、進行」と、その他の色に比べ多くの意味や目的が定義されています。たとえば黄色は注意のみ、緑の次に多い赤でも防火、禁止、停止、高度の危険、の4つとなっています。特に公共空間では、交通安全標識を筆頭に安全色・識別表示の規定にならった配色が多く見られます。安全確保のための注意喚起が不可欠な工事現場などでは「トラ柄（縞）」と呼ばれる黄と黒の配色が長年多用されてきましたが、近年、単管パイプに接続する樹脂製のバリケードには緑やピンク、中にはアニメのキャラクターを用いた製品など、多種多様な色調やデザインが見られるようになりました。雑然としがちな工事現場に親しみを、という目的の他、建設業に対するイメージアップを図り、周辺や作業環境をより良い状態へ、という狙いもあるそうです。

Tokyo, 2009

これらを動く色・一時的な色として捉え、だから多様で良い、と考えることもできますが、なぜ鮮やかな緑でなければならないのか、ものが持つ機能、用途、目的がそれぞれ別の方向を向いているように感じてしまいます。

多くの人が知っている・行ったことがある・行ってみたいと思っているであろう建築や工作物の外装色を測色し、その素材や色が環境にどのような影響を与えているか、考えてみました。
美術館や複合施設など、一部有料の施設もありますが、極力、誰もが訪ねることのできる施設等をピックアップしました。

測色した数値からは、色相・明度・彩度という、色が持つ3つの属性を読み取ることができますが、その数値自体が重要なのではなく、それを目安に、周辺環境や他の建材との「関係性」を知るための手がかりとしています。

＊ 数値は私が視感で測色した、あくまで参考値です。また、それぞれの考察は私なりの、色彩を観点とした読み解きであり、設計者やデザイナーの意図を反映させたものではないことをご了承ください。

VI

目安となる建築・土木の色とその値

62 十和田市現代美術館

Choi Jeong Hwa "Flower Horse"
TOWADA ART CENTER, Aomori Prefecture / photo:2018

エントランス前の大きくカラフルな馬のオブジェが道行く人たちを見守る、バス通りに面した街角の美術館です。
美術館というとスケールの大きな施設を想像しがちですが、この十和田市現代美術館はいくつかのサイズの小さな箱をつなぎ合わせたような構成となっており、大きな開口部からは中の様子や作品がよく見え、人目を惹いています。
設計者の西沢立衛氏がつくる建築には白を用いたものが多くありますが、この外装は実際に測ってみるとN8.5 程度であり、思っていたより「マイルドな」白でした。用いる素材や周辺環境との関係により実際の数値よりも「白い」印象を放っているのではないか、と感じました。

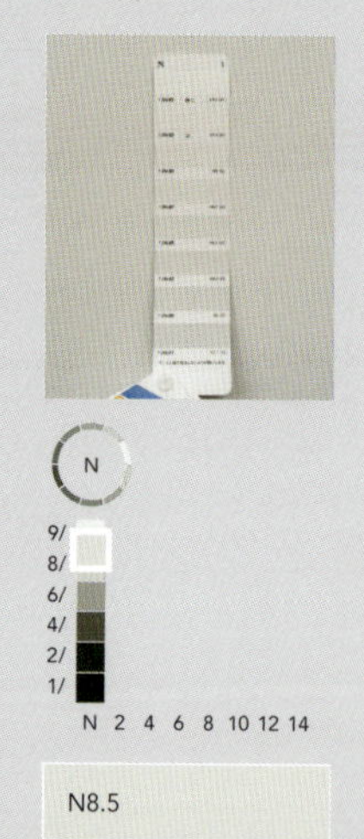

華やかな現代アートが引き立たせる白

外装に用いられている素材は、屋根材等にも用いられる金属板です。接合部の金具や雨仕舞のための笠木などがなく、とてもシンプルですっきりとした構成となっています。
形態の軽やかさは外装の明るさと相まって、紙でつくった箱を組み合わせたかのように感じられます。工場で成形され塗装された金属板ですから、表面はとても滑らかで均質です。明度 8.5 程度の白が実際の数値よりも明るく感じられる理由は、この表面の平滑さが大きく影響しています。フラットな面は光の反射率が高くなるためであり、光の当たり具合によっては少し光沢感を持っているようにも見えてきます。
写真のように、光が当たっている面と影になっている面とのコントラストは、光の強さによってもまた、大きく変化することが推測できます。
明度 8.5 程度の白に限らず、色は素材によって見え方が変化するという特性を持っています。測色を行ったのは 9月でしたが、芝の明るい緑と、前景にあるサクラ並木の濃い緑、そしてカラフルで鮮やかなアートを白い外観が引き立てているように感じられました。
それまで私は、白はどちらかというと環境においては図的要素だと考えていたのですが、周辺の建物が持つ色調と比べてしまうと「地的」とまでは言い難いものの、図と地を行ったり来たりしている可能性はありそうです。そのような図と地の行き来には、十和田ならではの四季の変化が影響するかもしれません。次の機会には雪景色の中でこの美術館を見てみたい、と思っています。

63

東京都美術館

TOKYO METROPOLITAN ART MUSEUM, Taito Ward, Tokyo / photo:2019

上野公園内の緑に囲まれた一画にある、1975年竣工の前川國男氏設計の美術館です。外装は「打ち込みタイル」工法が採用され、壁面のタイルは単に表面を保護するためだけではなく、コンクリートの壁と一体化し、建物全体の堅牢さを醸し出しています。
2010～12年に行われた大規模改修では、館内に置かれたカラフルなチェアの張地などの特徴ある配色も、竣工当時のサンプルを元に再現したそうです。周囲を歩いてみると、外部からも階段室等に展開されたカラフルな色使いを垣間見ることができます。外装に色気があるにも関わらず、内部のカラフルな色がとても印象的に見え、小気味良いアクセントとなっています。

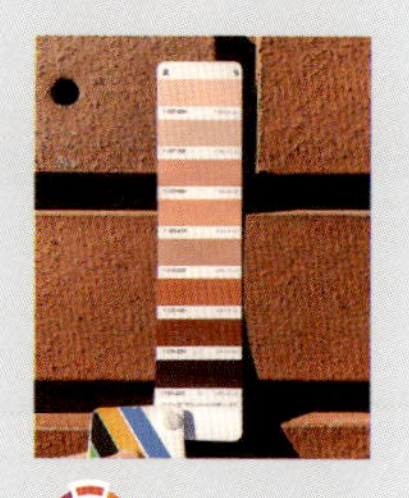

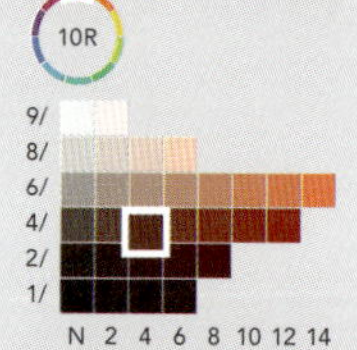

10R 3.5/4.0

焼き締まった暗めの赤色

煉瓦色のタイルは、10R 3.5/4.0 程度。VII「目安となる素材の色とその値」で紹介している煉瓦 →81 の色の中でも、暗めの部類に属します。せっき質のタイルは、高温で焼成することで焼き締まり、吸水率が低くなります。美術館という施設において、長く風雪に耐えることのできる素材が選択されている、と考えることができます。
やや明度の低い赤色は、冬場の弱い日差しの中でも周囲の緑を印象的に映し出しています。暗めといっても、明るめのものと比べてその明度差はわずか1程度ですが、全体にやや明度が低いことにより落ち着きがあり、彩度の持つ派手さや色相のイメージが緩和されるような印象が生まれます。
ガラス越しには内装に施された鮮やかな赤や黄や緑、青色を見ることができますが、いずれも外装のタイルの色に馴染み、アクセントとなりつつも不思議と過剰に派手な印象はありません。それぞれの色も絶妙に明るさが抑えられていることがその要因なのではないか、と考えています。
『前川國男・弟子たちは語る』という書籍の中に「(前川)先生はカラーチャート等を当てにせず、色々な言葉の表現で色のイメージを伝えておりました」* という記述がありました。アクセントカラーに4原色を用いることで、自ずと全体の色彩調和を図る色使いには、恐らく師であるル・コルビュジエのアトリエで目にし、学んできた記憶が反映されているのかもしれません。

* 前川國男建築設計事務所OB会有志『前川國男・弟子たちは語る』(建築資料研究社、2006年) p.100

64

ヒルサイドテラスC棟

HILLSIDE TERRACE C, Shibuya Ward, Tokyo / photo:2019

ヒルサイドテラスにある建築物はいずれもコンクリート打ち放しと白系のモザイクタイル、と思い込んでいたのですが、C棟はよく見ると吹き付け、しかも2色吹きでした。
2.5Y 7.0/1.0程度のベースに、10YR 4.0/2.0程度のやや濃い目のブラウンが散りばめられています。
表面の細かな凹凸と、少し黄味のあるライトグレイの背後に見え隠れするブラウンのつくり出す陰影が、何ともいえない自然な表情と深みを感じさせます。

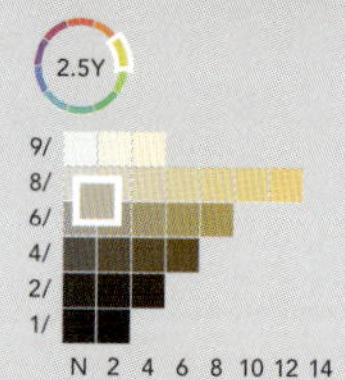

2.5Y 7.0/1.0

周辺環境を考慮した2色吹き

駒沢通りを鎗ヶ崎交差点で左折し、旧山手通りを国道246号まで直進して行く通り沿いには、建築家の槇文彦氏が設計した代官山ヒルサイドテラスがあります。
C棟の外観は遠目で見ると、コンクリートのコタタキ仕上げのような雰囲気です。実際、私はその仕上げだと思い込んでいましたが、近づいて見ると、2色のまだらの感じが石調吹き付けのようにも見えます。吹き付けというと建築外装の仕上げ材としては比較的廉価で、一般的な住宅などでも採用される仕上げです。ではなぜ、この2色吹きが採用されたのか調べてみたところ、

「計画に影響をもたらしたものの第一は北側前面道路の自動車交通量の急激な増加であった。（中略）騒音・排気ガスから居住者を保護する必要が生じてきた」*1
「当初、外壁はコンクリート打ち放し＋フジコートを予定していたが、第二期建設時に、A棟B棟とも同じ吹き付けタイルに変更された」*2

とありました。記述から、コンクリート打ち放しが車の排気ガスで汚れてしまう可能性を懸念し、単色・淡色ではなくやや明度を抑えた、自然な陰影の現れる2色吹き仕上げが選択された、と推測されます。
ヒルサイドテラス計画では25年・6期に渡る時間の経過の中で、表情豊かなひとつのまちなみが形成されています。その“時代ごとの最適解”という考え方が、まちなみに適度な変化と程良い賑わいを生み、かつ時代の流行や変化に流されることなく、多くの人を魅了し続けているのではないか、と感じました。

*1 槇文彦＋アトリエ・ヒルサイド編著『ヒルサイドテラス白書』（住まいの図書館出版局、1995年）p.151
*2 同書、p.155

65

ヒルサイドテラスD棟

HILLSIDE TERRACE D, Shibuya Ward, Tokyo / photo:2019

タイルの色は 5Y 7.5/0.8 程度。明度は 7.5 程度ですから、思ったほど「白すぎ」ない。少し黄みがかったオフホワイト、という感じです。D 棟の外観が白く見える理由として、目地の色が挙げられると思います。かなり濃い目の濃灰色が使用されており、タイル色との対比が明確なのです。目地の濃色によってタイル色が明るく見えている、という現象（色彩の同時対比）が起こっています。

5Y 7.5/0.8

タイルの色を引き立てる目地

前項のC棟のお隣、D棟。第三期工事にあたるD棟は1977年に竣工しています。『ヒルサイドテラス白書』によると、当初の計画では三期計画（D棟・E棟）は住居群のみの構成だったそうです。一期、二期の店舗群が完成し、まちなみが形成されていく中で、D・E棟にも店舗（設置）の要求が強く打ち出された、とあります。
ヒルサイドテラスでは計画ごとにさまざまな変更や調整が行われていますが、中でも常に「将来への見通し」「人や交通量の変化」といった事象との連携が図られています。D棟の外装仕上げは、

> 「建物の保全維持の観点から、できるだけ錆、汚れ、剥離等のない材料を選んだ。外装は150角磁器質タイルを張り、構造のモデュールも一段上げて、大きな骨格を持たせている」*

とあります。
150角タイルというのは私自身は使った経験がありません。現代の外装タイルのモデュールとしては製品カタログにもほとんど記載がありませんし、微妙な色合いからして、おそらく特注品だと思われます。
タイルのサイズが小さい場合、目地との対比を強くするとどうしてもグリッドが強調されタイルの存在感が弱くなりますが、この150角タイルは面としての存在感もありながら、濃色のラインが壁面にシャープさを与えている、と感じています。
こうして色を見ることから、規模や形態と素材・色彩の相性を読み解くことが、私にとってはかなり面白く、長く時間を経た建築物から学ぶことが数多くあります。

＊ 槇文彦＋アトリエ・ヒルサイド編著『ヒルサイドテラス白書』（住まいの図書館出版局、1995年）p.162

66

同潤館

Dojunkan, Shibuya Ward, Tokyo / photo:2018

表参道ヒルズの片隅に「同潤館」として再現された同潤会青山アパート。外装基調色は2.5Y 7.5/1.8程度、穏やかなライトベージュ色です。一般的なコンクリート打ち放しよりもわずかに明るく、彩度は2程度以下ですからほのかに黄色味があるという印象です。
測色のために近づくと、細かな骨材が見えました。粒の大きさ・色は多様で、砂砂利洗い出しというオリジナルの外装仕上げが再現されています。

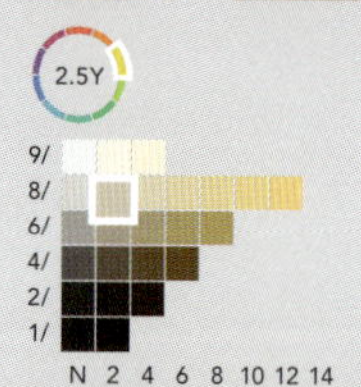

2.5Y 7.5/1.8

単なる色の再現に頼らなかった再生

もとの外壁は砂砂利（すなじゃり）洗い出しという仕上げだったそうです。この再生棟においては、当時の外観が忠実に再現されています。
洗い出しは混入する骨材や、洗い出す際にどの程度まで表情を出すか等の加減が必要で、職人の経験や技術がものをいう仕上げです。砂砂利洗い出し仕上げを単色で表現しようとすると、さまざまな骨材の「どの部分」に色を合わせるか大変悩ましいですし、もとの仕上げが持っていたような表情や手触りとは大きく異なってしまうことが推測できます。「同潤館」では単なる色の再現ではなく、外観の表情や雰囲気まで再現することが目指されたのだと思われます。
同潤館を特徴づけているもうひとつの要素は、外観を覆うツタです。洗い出し仕上げが持つ細かな凹凸のあるテクスチャーは、ツタの成長を助けているように見受けられます。このツタは再生棟の設計時に植えられたものではなく、自然に根づいたものだそうです。建築を手がけた安藤忠雄氏は、ツタに覆われゆく外観について、あるインタビューでこのように答えていました。

> 「変化がなければ面白くありませんから。建物はしっかりとメンテナンスしていけばいいのです。（中略）丁寧につくったら丁寧に使われる。そしたらきれいなまま、いい変化を続けていくんですよ」*

建物自体は再生（復元）という手法をとりつつ、それは変化するものである、という前提。色自体は変化しなくとも、他の要素や周辺の変化により、建物にも良い表情が生み出されている事例、と捉えています。

＊「FEATURE｜ 街づくりは情熱から　安藤忠雄さんと建築語り vol.1」（表参道ヒルズウェブサイト、2017年8月22日）〈https://www.omotesandohills.com/feature/2017/002831.html〉2019年6月1日閲覧

67
LOG

LOG, Onomichi City, Hiroshima Prefecture / photo:2018

インドの建築家集団、スタジオ・ムンバイが手がけた尾道にある複合施設です。もとは社員寮だった建物が全面的に改修され、ホテル、カフェ、ギャラリーやショップなどが併設されています。

そこかしこに色がありました。それらの色はまた、とても豊かな質感をまとっていて、思わず触れてみたくなります。外装に使われている漆喰と土と顔料による左官仕上げは、今後色味が変化していくことが予想されます。その色は7.5YR 6.5/3.0と10YR 8.5/1.0程度。いずれも、日本中でよく見られる「暖色系（YR系）の中・高明度、低彩度色」でもありました。

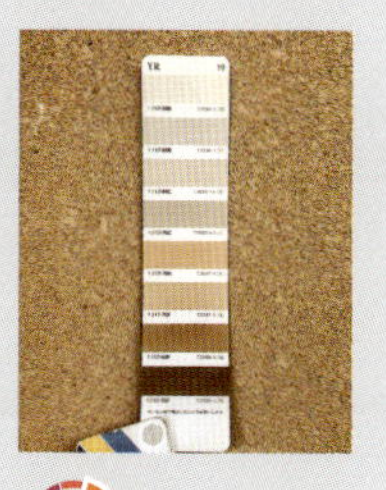

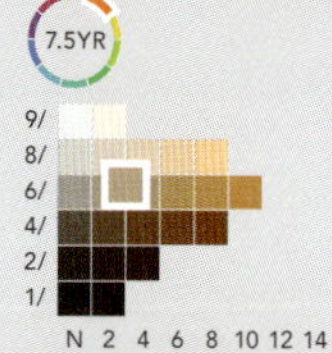

7.5YR 6.5/3.0

色を「つくり出す」ということ

外階段の踊り場に配された「使われなかった色たち＊」を目にしていると、複数の色を抽出してその場に置き、見え方の「効果」や受ける「印象」を丁寧に観察し、候補色が絞り込まれたのではないか、というプロセスの一端を辿ることができます。
私たちも調査や色指定に用いる色票づくりを実践していますが、色（顔料）を足しながら狙う色味をつくり出す「調色」は、あるところまでは変化が見られなくても、次の1滴を加えた途端がらりと違う色が生まれることがあります。また、湿った状態では鮮やかな色も、塗って乾かすと明るく・鈍くなる（彩度が下がる）傾向があり、私たちの事務所ではドライヤーを片手に紙に色を塗っては乾かしながら複数の色をつくる、という方法を用いています。こうした調色を体験したことのない学生や設計者は多く、事務所にアルバイトに来た学生も、初めは調色の原理がわからず、狙う色を1日に1色つくれるかどうか、ということも多くあります。
時間をかけて検証を繰り返す、という行為の中には「発見」があります。色が・色の印象が変わる瞬間を見極めたり、その色の中に隠れているさまざまな色味を知ることは、膨大なサンプルの中から最終的な塗装色を選ぶ際、言葉にはしづらい決定の根拠や要因を見出す助けになるのではないか、と考えています。
LOGはさまざまなアーティストやスペシャリストが関わっているプロジェクトでもあります。スタジオ・ムンバイの特徴のひとつである、こうした協働の取り組みは、仕上げや色の多彩さに最も顕著に現れているように感じます。

＊ 左頁の写真参照。これらは候補色のサンプルですが、最終的にはこの中からは1色も使われなかったそうです。

68

馬車道駅

Bashamichi Station, Yokohama City, Kanagawa Prefecture / photo:2019

建築家・内藤廣氏の設計で、構内には多様な色むらを持つ味わい深い煉瓦の他、横浜銀行から譲り受けたという金庫の扉などが設置され、土地の記憶を継承しようという意思と工夫が感じられます。

どっしりとした煉瓦積の壁の印象もさることながら、各所に見られる塗装色が印象的です。煉瓦よりも少し鮮やかな錆色、という表現になるでしょうか。

この塗装部分は1YR 4.0/5.0程度のベースに、5BG 4.0/2.0の「斑」が加えられています。

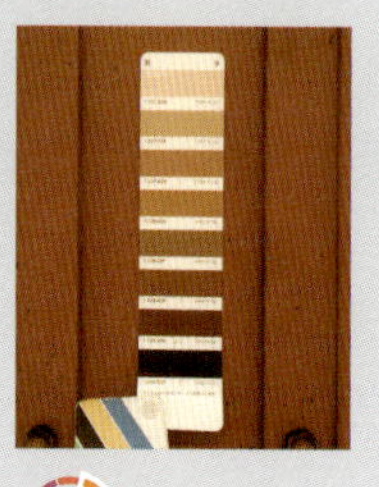

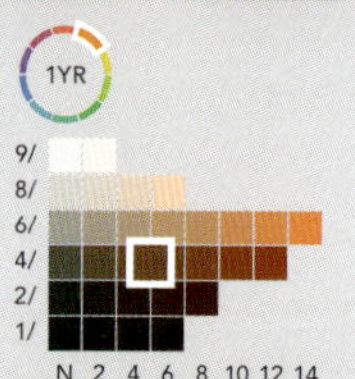

1YR 4.0/5.0

奥行きを感じさせる塗装色

塗装は均質でフラットな仕上げ面との相性が良い仕上げのひとつです。一方、ともするとフラットすぎてボリューム感が増してしまったり、淡色だとちょっとした汚れや傷が目立ちやすかったり、という側面もあります。
馬車道駅はダイナミックな吹き抜け空間が特徴です。この空間を支えている構造物である柱をあえて剥き出しにすることにより、開放感を感じさせつつも堂々とした安定感が漂っているように感じます。この柱をフラットな塗装にしてしまうと、他の建材や空間のスケール感に対し、単調で少し頼りない印象を与えてしまうのではないか、と感じました。よく見ないとわからないくらいさりげない表現ですが、細かな「斑」が塗装に厚みをもたらし、重厚な煉瓦に負けないような存在感を醸し出しているのではないか、と考えています。

> 「10年から20年という時間に、内容が耐えられるものでなくてはならない。さらには、都市施設なのだから、実際に供用されるその先の長い時間にも耐えねばならない」*

この時間の経過に対する内藤氏の姿勢は常に私も目指している部分です。都市施設以外でももちろん、先の変化をどう読み、いかに変化の幅を含めた素材・色の選定を行うかということは、色の見え方を長持ちさせるために最も重要な要素であるといえます。
遠目ではわからない、手の込んだ仕上げ。人の目線に対しある強度を持って訴えかけてくる素材の質感。表面仕上げと侮ることなかれ、といつも（勝手に）内藤氏の教えを受けているような気持ちになります。

＊ 内藤廣「長い時間と向き合う都市の駅」『新建築』2004年1月号、p.105

69 ミキモト銀座2丁目店

MIKIMOTO Ginza 2, Chuo Ward, Tokyo / photo:2013

ファサードに継ぎ目がなく、構造に大変特徴のあるビルです。2枚の鋼板の間にコンクリートを充てんし、20センチという壁の厚さそのものが構造体になっています。建築家・伊東豊雄氏の設計です。

壁面の色は5RP 7.8/2.5程度。メタリック調の塗装は正面から見ると、かなりピンキッシュな色であるという印象を受けますが、視点を変えてファサードを見上げてみると、建物上部の方は白っぽく（色味が飛んで）見えます。

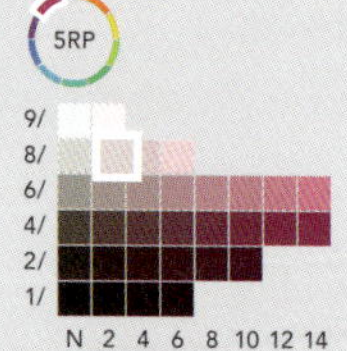

5RP 7.8/2.5

柔らかな金属色

この鋼板に施された塗装を近づいてよく見ると、自動車等に見られるような金属調であることがわかります。金属の粒子が外部からの光を受けて輝き、見る角度によって見え方が変化します。もしかするとパールの輝き方がイメージされたのかもしれません。
この鋼板のメタリック塗装は地が金属ですから、金属×金属塗装は当然基材との一体感があり、壁自体の量感や、ともすると巨大な印象を与えてしまいがちなフラットな壁面の見え方がとてもうまくコントロールされている、と感じました。
ミキモトというブランド、銀座という立地。淡くピンキッシュな色調は、店舗を訪れる顧客、あるいは街をゆく洗練された女性たち､のイメージもあったことと推測します。
金属・鋼板そのものは硬質でシャープなイメージを持っていますが、こうした柔らかな色も馴染む（形態や規模によるものの）のだ、ということがとても新鮮に感じられる一例だと考えています。
一方、地方の歩道橋等にこうした色（柔らかなパステルカラー）が展開されていることが多くあります。そういう例を見るたびに「金属に軽い色は馴染みにくいな」とずっと思っていたのですが、光沢感等も含めた塗料の質も大きく影響しているのだと考えるようになりました。

70 虎屋京都店

TORAYA Kyoto, Kyoto City / photo:2011

外装に使用されている50角モザイクタイルは中央部分に膨らみがあり、磁器質のタイルでありながら柔和な雰囲気を持っています。今回は実際のタイルをお借りし、光学式の測色計を使って測ってみました。
このタイルのことを設計者の内藤廣氏が講演会で「サクラの花びらのような、淡くうっすらと色味が感じられる程度」を目指して何度も試作を繰り返した、と話されていました。
測色の結果は7.5YR 8.4/0.6程度。遠目では白ですが、よく見るとほのかに黄赤味があります。またそれは均質な色面ではなく、釉薬特有の自然で繊細な色むらがあり、何ともいえない味わいが感じられます。

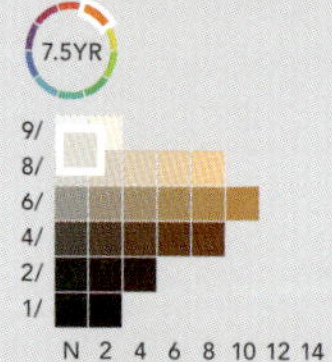

7.5YR 8.4/0.6

その素材にふさわしい色

たとえばこのタイルのような明度8.4程度という明るさの白を色票や小さな色見本で見ると、多くの方は「これはあまり白くない」と言います。色の面積効果によるものと、色見本の周囲にある地の白との対比によるものであり、そのように感じられることはごく一般的な現象といえます。

以前ある建築家の方が「N9.5の白以外怖くて使えない」と仰っていたことが強く印象に残っています。明度8. 4程度のタイルが夏の日差しを受け、白く輝くように見えることを考えると、明度9.5程度という数字がいかに過大な白さを放つか…。私自身はこうした検証のもと、明度9.5の白を建築の外装基調色に使うことの怖さを痛感しています。

以前、東京都国立近代美術館でスタジオ・ムンバイのビジョイ・ジェイン氏のお話を聞く機会がありました。「素材が何か、というよりも、完成したときのセンセーションが大切であり、完成した建築物を見たときの感想やそれがつくり出す雰囲気こそを感じ取ってほしい」と仰られていたことが記憶に残っています。建築家の仕事というものはビジョイ氏の言うように「完成したとき、それがその場にあり続けるとき、どのような雰囲気をつくり、どのような影響をもたらすか」ということが考え抜かれているのだなと思いました。

とにかく白はN9.5、という建築家が周辺への影響を考えていない、というつもりは毛頭ありませんが、最も明るい白がもたらす抽象性の一方で、素材によっては明度8程度でも十分な白さをもたらすことができる、という効果も踏まえ、素材や色の選定にあたりたいと考えています。

71 とらや工房

TORAYA kobo, Gotemba City, Kanagawa Prefecture / photo:2012

虎屋京都店と同じく、建築家・内藤廣氏の設計です。側壁の塗装鋼板は5BG 3.5/1.0程度、回廊部分の柱はN3.5程度でした。
もしかすると外装の鋼板の方は製品色で、柱は塗装色を指定して制作したもので、そのわずかな差異が現れているのかもしれません。
色の違いはわずかですが、平滑で面積の広い壁面にはわずかに色気があり、周囲の緑を映し込んだような効果があります。一方で、細かなピッチで連続する柱が無彩色であることには、空間構成における主従の関係性があるように感じられます。

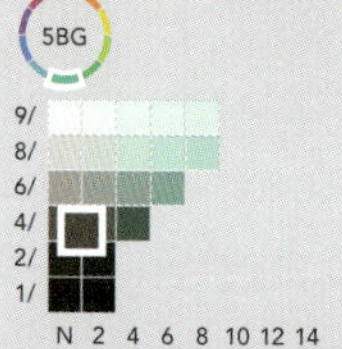

5BG 3.5/1.0

ほのかな色味が馴染みを良くする

屋根と側壁は塗装鋼板です。周囲の緑に馴染み、渋い色だなあと思って早速測ってみると、5BG 3.5/1.0 程度。一見グレイに見えますが、ほのかに青緑味がありました。明度・彩度の低い色は自然の緑の中にひっそりと溶け込むように馴染みます。明度３～４程度の色は、自然界の基調色である土や樹木の幹などが持つ色と同調するため、と考えています。またほのかに色味がある、ということも周囲の色を写し取ったような、穏やかな親和性を感じさせます。
同じ低明度色でも無彩色とほのかな色味を持つ色とでは、それぞれ単色で見た際には意識されない「他のマテリアル等と組み合わされたときの馴染み方」が決定的に異なると考えています。たとえばフランス料理の隠し味にワインを使ったり、日本料理の下味つけに日本酒を使ったりすることで全体をつなぐ・まとめる、という技法がありますが、色と周囲の馴染み方という視点はこれと似ているのではないか、と思っています。
「馴染むと埋没する」と言われることもありますが、埋没させるという「消極的な」意味ではなく、馴染みを良くするという「積極的な」考え方もできます。料理に例えると「出汁を何でとるか」「臭みを取るためにどういった処理をするか」といった感覚に近いのかもしれません。
とらや工房の鋼板は、外観を構成している主たる材料であり、この素材（の持ち味）や周囲の景色を引き立てるために、ほのかな色味が加えられている——。そんな考察が成り立ちそうです。

72 ヘリタンス・カンダラマホテル

Heritance Kandalama Hotel, SRI LANKA / photo:2015

インテリアの床はほとんど黒でした。光沢のあるコンクリートに柱や木々の陰が映り込んだり、木の葉が舞っていたり。朝方、鳥やサルの鳴き声とともに廊下を箒で掃く音も大変心地良く感じられました。雨風をしのぐということに対し、開口部の気密性を高めることで室内の快適性を向上させてきた日本。一方スリランカでは、基本的にどこかが開放されていて、風もさまざまな生き物も建物内を行き来しています。

風が心地良いことはもちろん、外部に接した環境は視覚以外の感覚をムクムクと呼び覚まします。目覚めは木々の葉擦れと動物の鳴き声、ドアを開けると土の匂い。しばらく深呼吸を繰り返していると、花の香りを感じ取ることもできます。

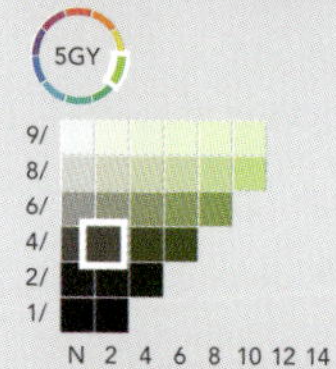

5GY 4.0/1.5

単色でないことの魅力

スリランカの建築家、ジェフリー・バワが設計した数々のホテルの中でも唯一、内陸につくられたホテルです。もとの地形を限りなく活かして建設された「森と一体化したホテル」として知られています。
廊下は全て開放廊下で、濃灰を基調としながら、黄味寄りのグリーン・白・サンドベージュ…。明暗のコントラストを活かしつつ、とても細かに色分けされています。バワが設計したホテルはここに限らず多色が使われており、この「単色でない」という状況は自然と同様の多様性を感じ落ち着きましたし、面ごとのいささか強引な塗り分けもおおらかな印象すら感じられました。とはいえ無秩序に色が施されているわけではなく、柱には統一的に濃灰が用いられていて、そこにあるけれど意識させないように、という意図が見受けられました→17。
外装に使用されていた色のひとつに、5GY 4.0/1.5程度の黄味寄りの緑色がありました。彩度1.0～1.5程度の色は色見本帳で見ると濁りのあるグレイッシュな色調なので、単独で見ると地味に見えます。濁りのある色はどうしても「汚く」感じやすい色ですが、黄味寄りのグリーンは1年を通して変化の少ない常緑樹の持つ色相に近似しています。木々の緑は少し距離を置くと葉の重なりや影により明度・彩度ともに下がります（さらに距離を置くと、空気中の水蒸気やチリ等により霞んで明度が少し高くなる、という色の見え方の特性があります）。
小さな単位の集積としての緑（色）に馴染ませるためには、葉の色そのものを正確に表現するよりも（たとえば新緑の緑等は彩度4～6程度です）、明度・彩度をより低めに設定した方が違和感の少ない（自然な）見え方となる、と考えています。

73 渋谷ストリーム

SHIBUYA STREAM, Shibuya Ward, Tokyo / photo:2018

10Y 8.0/10.0 程度の、鮮やかな黄色が目を引く空間です。着色されたエスカレーターは渋谷駅周辺開発プロジェクトにおいて「アーバン・コア」と名づけられた縦軸の動線空間のひとつであり、渋谷駅の地下空間と地上をつなぐ立体的な歩行者動線です。

アーバン・コアの供用が開始された直後から、その色合いが気になっていました。吹抜け空間を斜めに貫く鮮やかな色は、人の動きと相まって、華やかな活気を感じさせる要因となっているようにも感じられます。

明るく鮮やかな色は、周囲のガラスなど反射性の高い素材と呼応し、無機質な素材にもほのかに黄色味が映し出される瞬間があります。

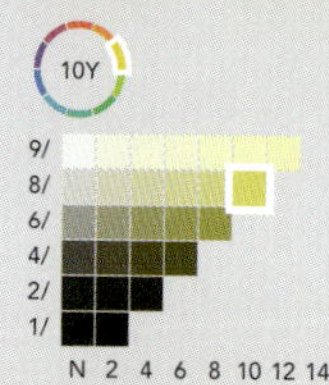

10Y 8.0/10.0

新しい都市のシンボルとなる色

渋谷駅およびその周辺は現在大規模な再開発事業が進められており、2027年度の渋谷スクランブルスクエア第Ⅱ期（中央棟・西棟）の開業までに8つの再開発プロジェクトが進行中です。
駅周辺地区の将来図を見てみると、駅を取り囲むように5つの複合施設が建設され、いずれの外観もガラスや金属パネル等を主体としたファサードデザインとなっていることがわかります。
遠景・中景として捉えるまちなみは、ガラスや高明度色を基調として類似した印象がありますが、個々のデザインにはそれぞれの建築家の個性が現れており、特に近景においてはその変化が印象的に感じられるような工夫がなされています。渋谷ストリームは再開発エリアの中で開業したばかりの建物であるため、いままで特徴的な色がなかった歩行者空間に新しいシンボルがつくり出された、と感じます。渋谷といえば「スクランブル交差点」や「ハチ公」といったいくつかのシンボルがありますが、渋谷ストリームの黄色はまさに「黄色のエスカレーター」という新しいシンボルとなり得る色、といえるでしょう。
色は常にかたちや素材をともなうものですが、この渋谷ストリームに使用されている黄色は、「その色自体」が「アーバン・コア」という縦動線を抽象化した存在のようにも見えます。かたちの特徴や意味よりも先に色が印象的に見え、このエスカレーターのボリュームは機能的には空間の地的要素でありつつ、図的な要素も兼ね備えているのではないか、と考えています。

74

隅田川の橋梁群

1) 厩橋 2) 蔵前橋 3) 吾妻橋 4) 駒形橋 (いずれも台東区・墨田区) All photos:2014

隅田川には道路用の橋梁が18橋、架けられています。隅田川の橋梁群は、関東大震災からの復興に大きな役割を果たしてきました。当時の設計者が世界中の橋を参考にして設計した、歴史ある橋ばかりです。私は2014年、白髭橋から勝関橋まで14橋の測色を行いました →40。橋梁群の基本的な色の考え方は1983年より整備事業の一環として始まった「7色の橋」への塗り替え工事にあたり示されたものです。それぞれの色には由来があるそうですが、鮮やかな色の橋の中には色の印象の方があまりに強すぎて、周囲の景色やまちなみと分断されてしまっているように見えるものもありました。

7.5GY 5.5/4.0
厩橋

2.5Y 7.5/12.0
蔵前橋

5R 4.0/12.0
吾妻橋

10B 5.0/6.0
駒形橋

＊隅田川に架かる5つの著名橋は、2014〜15年度に東京都建設局によって色彩計画が実施されました。各橋の塗装(予定)色の詳細は日本色彩研究所のウェブページに掲載されています。https://www.jcri.jp/JCRI/hiroba/COLOR/buhou/164/164-2.htm

協調による強調

隅田川橋梁群のひとつ、吾妻橋。改修の時期を迎え塗装色を検討した際、既存の朱赤は前回の塗装以後に策定された台東区・墨田区の景観計画における色彩基準の数値を超えていることが判明しました。
この鮮やかな色に基準を適用すべきかどうか、両区の景観審議会に諮問されたことを発端に、2014年2月に多くの専門家や行政、市民を交えたフォーラムが開催され、議論が行われました。吾妻橋の建設当初の色は青緑色だったこと等が紹介されたのち、同じ赤色でも彩度を下げた色の提案等が示され、アンケートも実施されました。その際、参加者からは「周囲の風景が変わっているのだから、一概に建設当初の色に戻せば良いというものではない」といった意見も聞かれました。
私はこの議論をきっかけに橋梁群の測色を行ったのですが、このとき初めて意識したことに、個々の橋のつながりがあります。改めて見ると橋それぞれに特徴があり、橋上から眺める景色も異なりますが、「橋梁群」といわれるように、個々の橋の位置づけや特性は他の橋との比較・差異を意識してこそ一層強調されます。
このとき、規模やかたちはさまざまでも色を統一するといった手法ももちろんあるかと思います。しかしここでは、周囲にあるものとの関係性を整えたり、多くの人がより親しみを持てるような色を選択したりするという「協調」を重視した手法により、個々の橋の魅力を引き出し、引き立て合うような関係性をつくることが望ましいのではないか、と考えています。
全体的に5R 4.0/12.0だった吾妻橋の色は専門家による議論と検証を経て、高欄はより穏やかな10R 2.0/5.0へ、アーチ・主桁は7.5R 2.5/9.0へと調整が行われました。

75

東京ゲートブリッジ

Tokyo Gate Bridge, Koto Ward, Tokyo / photo:2019

2012年に開通した、全長2618mの長大橋です。主橋梁部は「鋼3径間連続トラス・ボックス複合構造」という構造が採用されています。その特徴ある姿は怪獣が2頭向かい合う様子に例えられ、「怪獣橋」という別の呼称もあるそうです。トラスを見上げた際、接合部分がとてもすっきりとしていることに気がつきました。以前測色した隅田川の勝関橋や永代橋の（鉄骨）アーチなどと比べると、細かな部材は見当たらず、溶接の痕跡も目立ちません。ボルトを用いない「コンパクト格点構造」という方法が採用されているそうです。

トラス部分は2.5PB 8.0/2.0程度。色票で見るとかなり色味を感じる、淡く明るいブルーです。

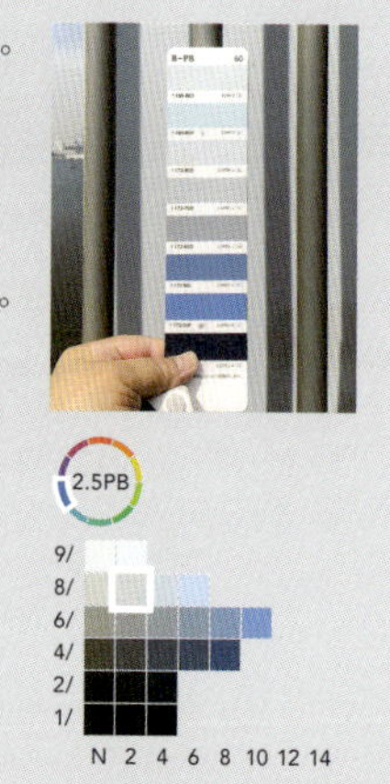

空に馴染み、ライトアップが映える高明度色

橋東側のたもとには江東区立若洲公園があり、釣りやキャンプを楽しむ大勢の人で賑わっています。海上へのアプローチ付近には昇降タワー・展望デッキが備えられており、橋上の歩道にスムーズにアクセスすることができます。橋に上がると、周囲には視界を遮るものがなく、歩道からはお台場や東雲（しののめ）など、東京や千葉湾岸の景色をパノラマで楽しむことができます。
トラス部分の色と関わりを持つ要素として、手摺（N5程度）や舗装の他、圧倒的な面積を占めているのが「空」です。明度8・彩度2程度の寒色系の色調は、単独で見るとかなり色気を感じ、周辺に暖色系が多い住宅地などの場合は、色相対比が強調され、周辺環境とは馴染みにくい印象を受けることが多くあります。
一方、この橋の場合、定位している物体の色ではありませんが→34、空という「青（系）色」が常に背景となっていることから、住宅地や山間部で見る寒色系の高明度色とはずいぶんと印象が異なるものだな、と感じました。遠景からはグレイッシュな（鈍い）青色の印象を受けますが、近づくとかなり明るい「パステルブルー」であることが認識されます。さらに、見上げたり振り返ったりしながら歩いていると、トラスの面ごとに光の当たり方が異なり、濃淡さまざまな表情があることが見えてきます。巨大な構造物ならではの、距離の変化による色の見え方の多様性を体験し、楽しむことができます。
東京ゲートブリッジは、夜間のライトアップも大変有名ですが、これは月ごとにメインカラーがあり、和の色・和の言葉がテーマとなっているそうです。高明度の地色は、ライトの色の反射率が良く、照明の効果を活かすためのものでもあります。

76

三角港のキャノピー

Misumi Canopy, Uki City, Kumamoto Prefecture / photo:2018

港町らしく、周囲にはパステルカラーの外装色が多く見られました。
既存の円錐形の展望台は明度9.5程度で、キャノピーよりも一段、明るい色調が用いられていました。
実際に現地を訪ねてみて、設計者の方が、この環境を見て・感じて、色を選定されたのだな、ということがよくわかるなと感じました。

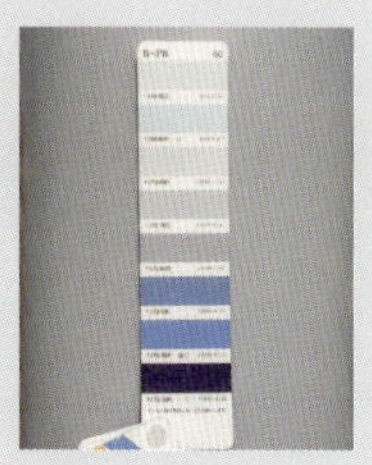

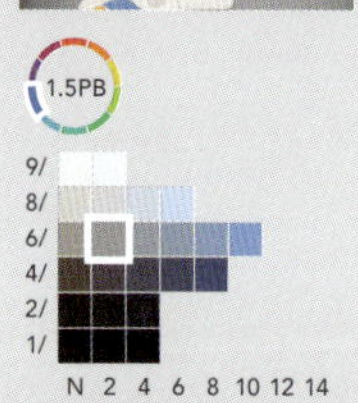

1.5PB 6.0/1.8

景色に馴染む寒色系

ネイアンドパートナーズジャパン、ローラン・ネイ氏と渡邉竜一氏の設計による駅前広場にあるキャノピーです。広場の手前にはヤシの並木があり、暖かい土地に来たことを感じさせます。その先にある船着場まで人々を導くキャノピーは、緩やかな弧を描いています。これは九州の造船技術を用いて製造されたのだそうです。柱の色は1.5PB 6.0/1.8程度。思ったよりも彩度のある寒色系ですが、実際の数値よりはるかにグレイッシュに見えます。そのように感じられるのは恐らく、海辺の湿度や暖かい土地ならではの気候が影響しており、距離を置いた際、空気中を通る間にチリなどにより光が拡散し「霞んで」見えるため、実際の色にベールがかかったように、やや鈍く・穏やかな色に見えているのだと推測されます。また周囲の建物にもブルーやグリーン、イエローといった色相豊かなパステルカラーが多く見られ（駅舎もクリーム色です）、そうしたまちなみとの調和が形成されているため、色気のある寒色系が突出することなく馴染んで見えているのではないか、とも感じました。
全体を見渡すととても大きな構造物ですが、柱は想像していたよりもずっとスリムな印象です。弧を描くキャノピーは柱を内側に偏心させることにより成立し、キャノピーのパネル自体が主桁となり、構造部材そのものが屋根となっているのだそうです。
白く軽やかなキャノピーと、それを支えるブルーグレイ色の柱。ほのかに青紫味を持った色調は、少し曇った空や、朝方の海の色を連想させます。それぞれの形態は人工的であり、硬質な素材で構成されていますが、有機的な形状と色調とが相まって、周囲に違和感なく馴染んでいます。

77 出島表門橋

DEJIMA FOOTBRIDGE, Nagasaki City, Nagasaki Prefecture / photo:2019

「橋が消えて見える」。設計者の方からそう聞いていたので、拝見するのが楽しみでした。
少し距離を置いてみると、確かに、どこに橋があるのか？と思ってしまいます。
でも近づくと、とても特徴的な、流れるようなフォルムを持って、しっかりと存在しています。

周囲に馴染む・溶け込む色は、明度2.5程度の「なかったことにする色」→17 です。低明度色ですが、さほど重さを感じないのは、トップレールがないため圧迫感のない手摺の他、桁にも開口があることで、周囲の景色が透けて見えるためだと思われます。

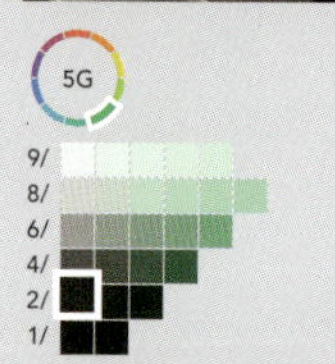

5G 2.5/0.3

周囲に溶け込む低明度色

前項のキャノピーと同様、ネイアンドパートナーズジャパン、ローラン・ネイ氏と渡邉竜一氏の設計による人道橋です。
長崎・出島は2050年の完成を目指し、100年計画で復元整備事業が進められています。現在は陸続きになっている出島の周囲を運河で囲み、鎖国時代と同じ扇形の島への復元が進められています。その計画の中で、この表門橋は「単なる復元ではなく、現代の橋を架ける」ということがテーマとなっています。
なだらかなカーヴを描くシルエットが特徴的です。近くで見ると、手前（江戸町側）の下部に重心があることがわかります。国指定の史跡である出島側の護岸に負担をかけず、江戸町側のみで荷重を支えるという極めて特殊な構造が採用されています。
プロポーザルでの勝利、設計の段階からこの橋についてのお話を伺う機会が何度もあったのですが、2019年1月初旬、ようやく見に（測りに）行くことができました。
「主役はあくまで出島。歴史的な景観に合わせたい」と考えた渡邉氏は、出島にある建物の桟瓦の質感や色調も考慮し、低明度色を選択しています。周囲の屋根に見られる瓦の色に確かに近似していますが、色見本のN系と比較してみるとほのかに色味があり、完全な無彩色ではないことがわかります。
金属粉を混入した塗装は測色が難しいのですが、恐らく5G 2.5/0.3（もしくはもう少し青味に寄った5BG 2.5/0.3）程度かな、と判断しました。

78 伏見稲荷大社

Fushimi Inari Shrine, Kyoto City / photo:2018

用途や形態・意匠と色がセットで「なければならない」数少ない例が、社寺仏閣等で使用されている色なのではないか、と考えています。
伏見稲荷の千本鳥居の色は、2.5YR 5.0/10.0程度。かなり黄色寄りの赤で、思っていた以上の朱色でした。
鳥居や太鼓橋など、素材が鋼材やRCに変わっても、その色調が受け継がれている例を数多く見かけます。
それだけ、その色が持つ意味が永く・広く知られ、その地域や空間の象徴として多くの人に守られてきたのではないでしょうか。

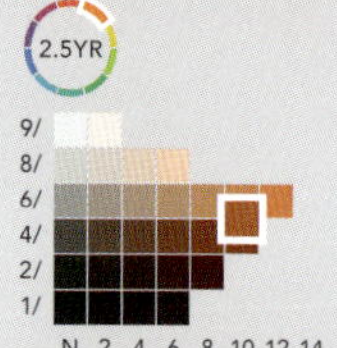

2.5YR 5.0/10.0

さまざまな願いを込める色

赤は「明るい」が語源と言われています。炎や朝焼けなど、暗闇を煌々と照らす鮮やかな赤は、古代から安心や安全の象徴として私たちの暮らしと密接なつながりがあります。魔（厄）除けとして、あるいは何かを祈願する際の象徴として、鳥居をはじめ達磨やお守り袋などにも鮮やかな赤が多く用いられています。
普段、特に都市部で生活をしていると、ひとつの色に囲まれる・包まれるといった体験はなかなか味わうことができません。京都の伏見稲荷大社の千本鳥居は、まさにそうした鮮やかな色を浴びる、という感覚を味わえる独特な環境です。
鳥居の隙間から緑が見え隠れし、その色の対比が一層朱赤を引き立てています。今もなお、多くの方々の奉納により増え続けているという鳥居には、時代を問わずさまざまな人の願いが込められています。
朱赤、と示したように、伏見稲荷大社の赤は黄赤系です。大社のウェブページによると「朱色は、魔力に対抗する色ともされていて、古代の宮殿や神社仏閣に多く用いられています。当社に限って云えば稲荷大神様のお力の豊穣を表す色」* と説明されています。
時折、光の差し込む鳥居の中を歩いた際は、社寺に特有の神々しさや妖しさを感じ、少し怖いような気がしたのですが、上記の解説を読んだ後では不思議と自然の豊かさを感じられるように思えてきました。
その色の意味を知ると当初の印象が覆り、異なる印象や親しみがわくこともあります。

*「よくあるご質問」（伏見稲荷大社ウェブサイト）〈http://inari.jp/about/faq/〉
2019年6月1日閲覧

白とまち

2011年の夏、建築家の方と「白について」というテーマで対談をする機会がありました。多くの人が目にしたことのある建築や工作物の色を測り、その色がもたらす効果や周辺との関係を私なりに考え、発信していくことを始めたのがその半年前のことでした。
「なぜ多くの建築家がこうも白を評価し、目指すのだろう」という疑問は、こうした対談をはじめ実際に建築を見ること、文献を読むこと等でだいぶ理解が深まったものの、未だに「なぜ」と思うことも少なくありません。
私は長く色を扱う仕事に携わる中で、白の外装を魅力的に（その環境にふさわしい、という意味合いにおいて）感じたことはそう多くありませんが、多くの建築家が表現する「抽象化するための方法のひとつ」としての白ではなく、その国や土地の気候風土や歴史・文化を背景に持ち、壁の量感や躯体の厚みを感じることのできる白、を受け入れている傾向にあるようです。

SRI LANKA, 2015

色彩的な調和感を形成するためには、素材が持つ色の特性を把握することが重要である、と考えています。この章では、建築や土木設計によく用いられる建材・素材の色を、その特性と合わせ記載しました。

いずれも、あくまで目安であり数値は参考値ですが、建材と素材、建材と塗装色など、複数の要素を組み合わせる際には検討や検証の参考になるはずです。

VII

目安となる素材の色とその値

79 コンクリート打ち放し

Nanyodo, Chiyoda Ward, Tokyo / photo:2012

コンクリートの色

- 一般的な竣工時のコンクリート
  …5Y 6.5 〜 7.0 / 0.3 〜 0.5
- 南洋堂書店（築３２年の時点）
  …5Y 5.3 / 1.0

5Y 7.0/0.3

5Y 7.0/0.5

5Y 6.5/0.3

コンクリート（竣工時）

5Y 6.5/0.5

木材会館（築3年）

5Y 5.3/1.0

南洋堂書店（築３２年）

Nanyodo

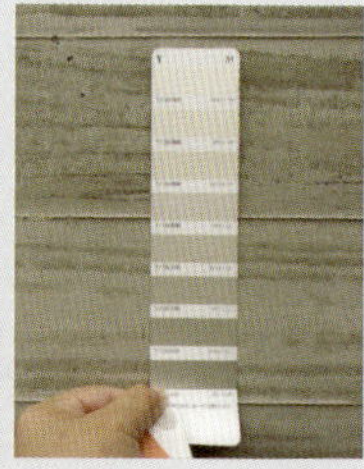

Mokuzai Kaikan

見慣れた素材の色

建築や構造物の測色を始めてみようと思ったきっかけが、コンクリートの色についての考察でした。
誰もが一度は目にしたことがあり、特に建築や土木の設計者にとっては身近な素材ですが、色については「コンクリート色」あるいは「明るめの灰色」という表現がなされてはいるものの「正確」には捉えられていない＝見慣れている割に目安になり得ていないのでは、と考えたためです。
こうした身近にある素材が持つ色の色相・明度・彩度を把握しておくことで、対比の程度を把握しやすくしたり、組み合わせる（あるいは相性の良い）色の「あたり」をつけやすくしたりすることができる、と考えています。
コンクリートはほのかに黄味を持っています。色相で表すとＹ系です。明度は新しいもの（竣工当初）の場合６．５～７．０程度、彩度は０．３～０．５程度が中心であり、一見、色味のない灰色の印象ですが、完全な無彩色ではありません。
機会を見つけては測る、ということを繰り返すうち、時間が経つと明度が下がり、やや彩度が上がる傾向にある、ということがわかってきました。
今まで測った中で最も明度が低かったのは、東京・神保町にある南洋堂書店の外装で、5Y 5.3/1.0 程度でした。1980 年に竣工し、測色の時点で約３２年が経過していました。

80

自然石

Shizuoka City, Shizuoka Prefecture, 2018

Okazaki City, Aichi Prefecture, 2018

5Y 6.5/0.5	オフグレー
10YR 6.0/1.0	グレーベージュ
10YR 2.0/1.0	ダークブラウン
10YR 3.0/0.5	ダークグレー

＊ 上記の4色が『景観に配慮した道路付属物等ガイドライン』による推奨4色

Y系グレーが持つ奥行き

自然石が持つ色相は暖色系〜寒色系まで多様な幅がありますが、寺院の舗装や庭石などにはY系グレーの石が最も多く見られます。Y系グレーはまた、前項のコンクリートが持つ色調でもあります。

自然石が持っているわずかに黄味のあるグレーは、都市的な空間の整備や、自然景観の中でもコンクリートの擁壁や舗装が出現する環境において有効だと考えています。2006年に国土交通省が策定した「景観に配慮した防護柵等の整備ガイドライン」は2017年に改訂が行われ「景観に配慮した道路付属物等ガイドライン」＊となり、推奨色に「オフグレー（5Y 6.5/0.5）」が加わりました。

「景観に配慮」することを目的とした色彩選定では、それまで地域を問わず10YR系のグレーベージュ／ダークブラウン／ダークグレーを使い分けることが推奨されてきました。しかし、土木や景観デザインの専門家の間では、水辺などではダークブラウンやダークグレー等の低明度色が馴染みにくく、また中明度のグレーベージュは彩度1.0程度とはいえ、規模や形態によってはその穏やかさが馴染まず「甘く・生ぬるく」見えてしまう傾向に対し、さまざまな見解が示されました。2017年の改訂ではオフグレーを含めた推奨4色は「あくまで」推奨であり、絶対的なものではないことが強調されています。

ガイドラインやマニュアルは万能ではありませんし、時間の経過とともに周囲の環境や評価も変わります。対象物を主張させたくない場合、ほんのわずかに色味を持たせることが風景や景色の見え方にどのような影響を与えるのか。本来、都度検証が必要ですが、「自然石はY系グレー（が中心）」という傾向とその色の持つ範囲は、広く・長く応用が利くと考えています。

81 煉瓦

1) 2) Yokohama Red Brick Warehouse, Yokohama City, Kanagawa Prefecture / photo:2008　3) Tomioka Silk Mill, Tomioka City, Gunma Prefecture

さまざまな煉瓦の色

- 赤レンガ倉庫
  …2.5YR 4.0 / 5.0
- 東京駅
  …10R 3.0 / 5.0
- 富岡製糸場
  …5YR 5.0 / 4.0 〜 5.0
- 馬車道駅
  …7.5R 3.0 〜 4.5 / 3.0 〜 4.0,
  5 〜 7.5YR 5.5 / 4.0 〜 4.5

2.5YR 4.0/5.0
赤レンガ倉庫

10R 3.0/5.0
東京駅

5YR 5.0/4.5
富岡製糸場

7.5R 3.7/3.5

6.3YR 5.5/4.3
馬車道駅

時間の経過を感じさせる素材

東京駅や横浜の倉庫群等には「赤レンガ」という愛称が用いられているように、煉瓦＝赤というイメージや表現が定着しています。歴史的建造物等に多く見られる煉瓦は、建設当時の設計技術や思想を振り返る生きた資源としても、貴重な存在です。
測色してみると、多くの煉瓦はYR系で、黄味寄りの朱色に近い赤系色でした。これまでに測色した煉瓦の色を、左頁に示します。
煉瓦は粘土や骨材の配合により物性を変化させることができ、またさまざまな型を用い多様な形状やテクスチャーのコントロールが可能です。さらに焼成温度により絶妙な色合いをつくり出すことができる、自由度の高いマテリアルといえます。その一方、窯から出てくるまで仕上がり具合がわからないという特性があり、素材の中でもとりわけ安定した精度の確保が難しいという側面があります。
煉瓦はまた、経年変化の影響を受けやすい素材ですが、近年、色むらの大きな煉瓦は舗装など、特にランドスケープの分野での活用が多いように感じます。大地の色（土色）に近い煉瓦は、自然の樹木や草花などとの相性が良く、風化や植物の定着などにより、時間の経過とともに自然景観に馴染んでいくためではないでしょうか。
煉瓦はまた、時間の経過（＝歴史）を追う手がかりともなります。たとえば富岡製糸場に使われている煉瓦は一般的な煉瓦より色が「薄く」感じられます。実際明度は1程度高く、色相もかなり黄味に寄っています。建設当時、戦中で燃料が限られていたことから十分な焼成温度を確保できず、低い温度で焼かれたため、穏やかな発色に留まっているのだそうです。

82 木材

Mokuzai Kaikan, Koto Ward, Tokyo / photo:2010

Mokuzai Kaikan, 2012

10YR 6.0/2.5
10YR 5.5/2.0
10YR 6.0/3.0
7.5YR 5.0/3.0
7.5YR 5.0/4.0

木材会館（築3年）

熟成する色

左頁の写真は 35 「木の色の変化」でも紹介した東京・新木場にある木材会館です。外観の変化の様子に目を凝らすと、木材の色に多様な変化が見られ、どこに陽が当たって、雨風が吹き込んでくるのか…を想像することができます。
製材される前の樹木の幹の色は、自然景観の中では“動かない色”にあたります。大地の土や砂、石などのように、1年を通して草花の色等よりもずっと変化が少なく、また地上において大きな面積を占める、自然界の基調色である、といえるでしょう。
木材の色もまた変化の少ない「地の色」ですが、自然素材である以上、やはり一定の変化が起こります。製材したての木材は、意外なほど鮮やかさがあり、木材会館でひときわ鮮やかに見える部分を測ってみたところ、7.5YR 5.0/4.0 程度でした。少し落ち着いた色に見える部分で 10YR 6.0/3.0 程度。竣工から約3年が経過した 2012 年の測色ですが、部位ごとの測色値を比較してみると時間の経過とともに色相の赤みが抜け、乾燥して明度が上がり、彩度は下がっていくという様子がよくわかりました。
木材として加工された段階でもまだ木は生きていて、自然物としての変化を続け、熟成していくのだと感じます。いつまでも変わらない色を有する、ということは自然に抗う行為でもあります。変化し続け、それがいつかは失われる、ということに貴重な時間の流れを感じることもできます。だからこそ命ある時間を大切に慈しむ、という精神を保てるのではないか、と考えることがあります。

83 屋根材（瓦）

Tofukuji, Higashiyama Ward, Kyoto City / photo:2012

日本のさまざまな瓦の色

- 10YR ～ 5Y, N 5.0 ～ 6.5 / 0.0 ～ 0.5
- 5Y ～ 7.5Y, N 3.5 ～ 5.0 / 0.0 ～ 1.0
- 2.5YR ～ 5YR 3.0 ～ 4.0 / 3.0 ～ 4.0

N6.5

N5.0

10YR 5.0/0.5

7.5Y 3.5/1.0

2.5YR 3.0/3.0

5YR 4.0/4.0

日本の瓦

Nagi Town, Okayama Prefecture, 2018

素材や形状が変わっても継承される元の色

日本の伝統的な建造物をはじめ、現在でも住宅等に使われている瓦には、土を焼き締めたいぶし瓦や釉薬瓦・桟瓦などがあり、いずれも色調は明度・彩度ともにやや低いものが中心となっています（左頁参照）。

瓦を含め焼き物全般の歴史を振り返ると、その地域で採集できる・焼き物に適した土が使われてきたことから、自ずと地域の「大地の色」が製品に反映されている、と考えることができます。赤褐色が特徴的な石州瓦の釉薬も、島根県出雲地方で採掘される来待石（きまちいし）に含まれる鉄によるもので、その地域ならではの瓦の色が屋根並み景観をつくっているといえるでしょう。

鋼板はさまざまなメーカーが製品として標準色を数色～十数色、とり揃えていますが、その色調には伝統的な素材（瓦）が持つ色が継承されている、と推測することができます。色相にやや幅はあるものの、いずれも低明度・低彩度色が中心です。

建材の原料や製造方法が変わっても、「ものの色」というのはそう簡単には「元の色」から離れられないものなのだな、と感じます。たとえば製品としての鋼板のラインナップの中にはBG系のやや鮮やかなものがあることが多いのですが、これは明らかに緑青（銅）を継承したもので、補修や改修に用いられることも考慮されての選定だと考えています。

ところで、なぜ屋根色は明度が低いのでしょうか？原料以外にもいくつかの由来があるようですが、直射を受けるため、明るいと反射光により周囲に眩しさを与えてしまう、ということが最も説得力があるように思います。

84

ガラス

Shinonome Canal Court, Koto Ward, Tokyo / photo:2009

さまざまなガラスの色 *

- 透明
  …5G ～ 5B 6.0 ～ 8.0 / 0.5 ～ 2.0
- ブルー系
  …5BG ～ 10PB 5.0 ～ 8.0 / 1.0 ～ 4.0
- グリーン系
  …10GY ～ 5BG 5.0 ～ 8.0 / 1.0 ～ 4.0
- グレー系
  …5G ～ 5B, N 4.0 ～ 8.0 / 0.0 ～ 2.0

10G 7.0/1.2
透明

7.5B 6.5/2.5
ブルー系

7.5G 6.5/2.5
グリーン系

N6.0
グレー系

*『東京都景観色彩ガイドライン』（東京都, 2018年）

色を「感じる」素材

ガラスは物質でありながら透過性があるため、他の素材のように「ものの色」として扱うことができません。デビッド・カッツによる色の現象的分類 →34 によると空間色（Volume Color）にあたり、ある体積の中をその色が満たしていると「感じられる」見え方、と定義されます。1960年代以降、ガラスの性能や強度が増し、ファサード全体がガラスで覆われた建築が出現するようになりました。これらは、色を感じつつも色があるわけではない、という「見え方」をする建築といえます。
一方、ガラス自体が色を持つものもあり、多様なグラデーションの表現や背景（バックパネル）色とのコンビネーションによる演出も見られるようになりました。
私たちは調査の際、特徴あるガラスの色は「見かけの色」として参考値を測色しています。2017年に活用編が加えられた東京都景観色彩ガイドラインには「色彩基準の運用にあたって」という項目の中で、主な建築材料の参考マンセル値が記載されており、ガラスの色の参考値は左頁に示したように表記されています。
透明なガラスでも素材自体のほのかな色味や周辺環境の映り込み等の影響により、青味や緑味を感じることが多くあります。反射の影響も強く、見る角度や天候により見え方が大きく異なるため、同じ製品でも上記のように色相・明度・彩度ともに数値に幅があります。色を「感じる」素材ですから、意図的に高彩度色を着色した製品でなければ、あまり厳密な数値にこだわるよりは、ガラスの性能や機能を考慮しつつ、また組み合わせる他の建材との相性を考慮しつつ、対象にふさわしい製品を選択すれば良いのではないか、と考えています。

85 アルミサッシ

Color sample, 2019

さまざまなアルミ型材の色 *

- シルバー
  …10YR ～ 10Y, N 7.5 ～ 8.5 / 0.0 ～ 0.5
- ステンカラー
  …10YR ～ 5Y 6.5 ～ 8.0 / 0.5 ～ 1.5
- ブロンズ
  …10R ～ 10YR 4.0 ～ 6.0 / 2.0 ～ 4.0
- ブラウン
  …10R ～ 10YR 3.0 ～ 5.0 / 1.0 ～ 3.0
- ブラック
  …N 1.0 ～ 2.5

5Y 8.0/0.3
シルバー

2.5Y 7.3/0.8
ステンカラー

5YR 5.0/3.0
ブロンズ

5YR 4.0/2.0
ブラウン

N1.2
ブラック

*『東京都景観色彩ガイドライン』（東京都, 2018年）

ほのかな色味を意識する

住宅やオフィス、商業施設等に登場する機会の多い建材、アルミサッシの色はメーカーによって多少の差異はあるものの、色名としてはおおむね以下の5種に分別することができます。シャイングレー、など独自の色名がつけられている製品もありますが、差異は「シルバー」のやや「ステンカラー」寄りという程度で、選定の際は「どの（色名の）系統か」という観点で選ぶことが一般的だと思われます。
参考値として左頁に数値を記載しますが、各色の中でも多少の幅があることを踏まえ、他の建材との相性を測ることが大切だと考えています。
アルミは軽量で加工がしやすいことから、1930年代頃から急速にアルミサッシが普及しました。近年は断熱効果の観点から樹脂サッシの開発も進み、色の自由度が一層高まることが予想されます。すでに住宅用では白色も製品化されていて、内外で色を変えることが容易であることも樹脂サッシの特色のひとつとなっています。
私たちは改修の計画も多く手がけているため、すでにあるサッシの色によって、外装色の選定範囲が自ずと決まってくる、という経験がよくあります。たとえばシルバーのサッシに彩度の高い暖色系を合わせると、サッシの金属の質感が目立ってしまうなど、違和感を与えてしまうことが少なくありません。建材の色はごく低彩度であっても、合わせる素材・色彩によっては存在感が強調されやすくなることもあります。

86

塩ビ管

Color sample, 2019

一般的な塩ビ管の色

- ホワイト
  …2.5Y 8.5 / 0.5
- シルバー
  …5Y 7.0 / 1.5
- クリーム
  …2.5Y 7.5 / 2.0
- ココア
  …7.5YR 5.0 / 2.0

2.5Y 8.5/0.5
ホワイト

5Y 7.0/1.5
シルバー

2.5Y 7.5/2.0
クリーム

7.5YR 5.0/2.0
ココア

設備が持つ色と背景色との関係

建築設計においては、さまざまな設備をできる限り露出させないような工夫や配慮が行われますが、改修等ではどうしても出現せざるを得ない場合もあります。色彩計画の初期段階から、このような設備(＝色が限定されるもの)の位置等も踏まえ、素材や色彩の選定にあたります。左頁に最も流通しているメーカーの塩ビ管の色を測った数値を示します。
背景色と全く同色を選ぶことはできませんが、「できるだけ目立たなくする」ことは可能です。背景となる壁面の色に対し、

- 背景色(外壁)よりも明度は低め
- 背景色(外壁)よりも彩度は低め
- 上記を満たした場合、色相はより近い方

を選ぶ、という選定基準が考えられます。それにしても、たった4色でさまざまな建築物の外装色に対応させよ、というのはなかなか厳しいものがあります。設備色が限定されるから、その色に合わせて外装色を検討しよう、というのはとても残念な選択方法です。例え管理等の問題から4色しか生産できないにせよ、もう少しそれぞれに使いやすい4色がありそうに思います。

87 塗膜防水・シール

Color sample, 2019

さまざまなシールの色

- ライトグレー系
  …2Y ～ 7Y 6.5 ～ 8.0 / 0.1 ～ 1.7
- グレー系
  …8.5B ～ 10B 5.5 ～ 6.7 / 0.2 ～ 0.9
- ダークグレー系、ブラック
  …1.5Y 3.5 / 0.6, 10B 3.1 / 0.2, 10B 2.0 / 0.4

4.5Y 7.3/0.8

ライトグレー系

9.3B 6.1/0.6

グレー系

1.5Y 3.5/0.6

10B 3.1/0.2

10B 2.0/0.4

ダークグレー系、ブラック

選定のコツはより低明度色／より低彩度色

防水に関する材料は、過剰に目立たせる必要がないことが一般的であるため、その他の設備等以上に、より彩度の低い色がラインナップされています。シールなどは万能な（と思われる）グレー系の濃淡が充実している場合が多くあります。
防水材料に用いられるウレタンやシリコンなどの化合物は、紫外線や風雨の影響により永久的な効果は望めず、定期的な補修が不可欠です。
もちろん、防水のためとはいえこうした化合物に頼ることを避ける建築家も多くいらっしゃいます（雨仕舞いには他にもさまざまな知恵や工夫があります）。ですが高度成長期、短期間に大量の供給が必要だった団地や規模の大きなオフィスビル等の出現により、こうした機能的な・短期施工が可能な材料が生み出されてきたことを考慮すると、今後も定期的に実施される修繕や改修といった場面において、これらの色の検討・選定は避けて通れないプロセスのひとつです。
冒頭に万能と「思われる」グレー、と書きましたが、無彩色のグレーは特に暖色系の外装材と組み合わせると色の対比効果により青みが強調され、人工的で無機的な印象が違和感を与えてしまう場合も少なくありません。
シールは近年、恐らくアルミサッシに合わせた「ステンカラー」色等も登場していますが、テクスチャーに変化のある金属製品と組み合わせるとどうしても「色」の方が目立ってしまうように感じています。
どちらかというと苦渋の選択、の部類に入ってしまいますが、長く選定を繰り返してきた結果、前項の塩ビ管と同様「組み合わせる部材よりもより低明度・低彩度」にしておくのが良い、と考えています。

Part 3

色彩計画の実践に向けて

最後に、私たちが実践してきた色彩計画とそれを実現するためのプロセスを言語化・図式化してみました。あらゆる条件を分析・整理し、色彩の選定につなげるため、そしてその考え方を広く多くの関係者や専門家でない方々と共有するため、工夫と実践を重ねてきたものです。

もちろん、これも絶対ではありませんが、どうやって検討すれば良いかわからない、という方は、まずはこのプロセスを参考にしてみてください。

色彩計画の考え方

88

まずは測ってみる

Study, 2010

Study, 2010

色同士を比較して、よく見てみる

「色のものさし」として活用している日塗工の色見本帳 →01 では各色域の低彩度は0.5刻みで設定されており、2年ごとに行われる改訂のたびに低彩度色の充実が図られています。詳細に広範囲な調査を行う際にはやや色数が足りない場合がありますが、普段の調査にはこれで十分です。
左の写真・上段のように、対象物に色票をあて、最も近い色の数値（マンセル値）を読み取ります。色票は紙に印刷されたものですから、光沢もあり外装建材等とは質感が異なります。それでもこのように対象物と色票を並置してよく見てみると、一見グレーに感じられるタイルには、わずかに黄味があることがわかります。このタイルの場合、色票の下から4段目、2.5Y 6.0/1.0に近く、色票よりも少し明度が高いかなということが読み取れます。でも、1段上の2.5Y 7.0/1.0まではいかない。つまり、明度は間の6.5程度、ということになります。
左の写真・下段は「色と色の関係性」をより見やすくするため、余白部分にマスクをかけたものです。色票の間にある白い部分を隠すと、色票と対象物との対比を正確に認識しやすくなります。このマスクは日塗工の色見本帳にも付録でついていますが、ない場合はたとえば指で隠すだけでも目的は果たせ、比較のしやすさには変わりありません。
こうして得られた測色データは、どれか1色に色彩としての意味や特徴があるわけではなく、いくつかまとめることで初めて、何らかの色彩の傾向が見えてきます。まとめてみた上でこれといった傾向が見られない、ということも含め、ひとつの前提条件として計画や検討に役立てています。

89

色を測るときのコツと留意点

Xuzhou City, Jiangsu Province, CHINA, 2009

対象物に近づけない場合の色の測り方

色彩調査の際、外壁や舗装材等とは異なり、どうしても対象物に近づけないときもあります。高層の建築物の外装や屋根等の色を測るにはちょっとしたコツが必要です。
屋根の場合、写真のように色票と屋根の傾斜角度を合わせ、対象物の光の当たり方にできるだけ近づけます。瓦等は色むらが大きく、中心色を読み取るには慣れるしかありませんが、通常屋根面は直近で見ることはありませんから、歩行者の目線など少し距離を置いたところから「どの程度の色に見えているか」ということが把握できれば良い、と考えています。
それでも、実際の屋根色を正確に測りたい場合もあります。できるだけ対象物に近づける場所を根気良く探しますが、調査には天候の良し悪しなども含め「運」もつき物で、民家の脇に積み上げられた瓦を発見できたことも何度かありました。日本の伝統的なまちでは瓦を葺き替える際、真新しいものは既存のまちなみに馴染まないという理由から、あえて屋外に晒して保管し、適度に風化させている例が多く見られます。そうした習慣を知ってからは、特に古いまちなみの調査を行う場合は足元にも気を配るようになりました。
そして大事な留意点がもうひとつ。色を測るときは、夢中になっているとうっかり私有地に入り込んでしまったり、撮影禁止等の注意書きを見逃してしまったりすることもありますので、くれぐれもご注意ください。特に海外では、写真撮影自体トラブルを招きかねません。
周囲には十分注意をしながら、特に対象物に触れる際は必ずあたりを見回すことをお薦めします。

90

集めた色を並べ替える

Study, 2019

心地良さの背景にある秩序を見出す

一見、バラバラに見える配色も、並べ替えるだけで見映え良く整えることができる場合があります。左頁に示したのはその一例です。上と下は全く同じ色・色数の色彩構成ですが、配置が異なります。いずれもYR系の色群ですが、色相が同一でも並べ方にある種の秩序が見出せない・見出しにくい場合、調和した印象を感じにくくなります。
ある法則に従って配置された色群が持つ段階的な、あるいは何らかの規則性のある変化は連続性を生み、一定のリズムやまとまりを感じさせます。このリズムやまとまりがもたらす心地良さが、調和感を構成する大きな要因のひとつです。そして、たとえば段階的な変化の幅を、表現したい対象のイメージに合致させるように丁寧な調整を行うことが、見る人の心を動かす表現へとつながっていくように思います。
配色とはこのように単に色選びの問題だけでなく、配置（並べ方）にどのような秩序を持たせるかということであり、その「秩序の度合い」が特に重要だと考えています。世の中、何もかもが秩序を持つ必要はありませんが、こと色彩においては、何らかのルールに基づくものは心地良く感じやすい、という性質があることに、私自身は信頼を置いています。
この秩序はある程度までは理詰めで導き出すことができますから、色彩的な調和の感じられる配色を考えるのにセンス云々ということはあまり関係ないのでは、と思っています。「配色」を難しく考えてしまう方もいますが、調和していると感じる場合のいくつかの条件があるわけですから、その条件を把握してさえいれば、配色というのはさほど難しいことではないのでは、と思うのです。

91

離れてみる、近づいてみる

1） Sapporo City, Hokkaido, 2012　2） Setagaya Ward, Tokyo, 2013

色の傾向を把握し、手がかりとする

風景を「眺める」とき、自ずと眺望の良い開けた高台や、都市部でも高層ビルの上階や屋上等が視点場として設定されます。色彩の検討を行う際も見晴らしの良い場所から計画の対象や地域を眺め、周辺や背景との関係性を確認することは欠かせません。
俯瞰の視点は、自ずとさまざまなものが目に入り、変化するもの（樹木や草花、天候や時間など）と変化しないもの（人工物）の違いに意識が向くことが多くあります。計画の対象は個であっても、その個が周辺にどのような影響を与え、またどのような影響を受けるのかという相互の作用は、対象から距離を置く方が意識しやすくなります。
一方、計画地に近づく程に視覚的な情報量に対する解像度が上がり、建築物以外の、屋外広告物や煩雑な公共サイン、さまざまな舗装仕上げなど、多様な情報が混在した環境の中で素材や色彩を選定することの困難さが垣間見えるようになります。
私も特に都市部で調査・計画を行う前は、果たして手がかりはあるのだろうか？ということを考えますが、計画の対象やその周辺環境との距離をさまざまに変化させながら見ていくと、すくなくとも「その地域が持っている色」には何がしかの傾向があることがわかります。その傾向こそが、方針を立てるための手がかりとなり得る、と考えてきました。
傾向を手がかりとすることは、ひとえに「色彩的な調和をいかに構築するか」という視座に基づくものであり（調和＝同調ではありません）、できる限り違和を避けることで叶う、色が時間と対峙する力を発揮するための方法でもあります →98 →99。

92

条件を整理し、選定の根拠を探す

ある団地の現況に対する課題（条件）の整理と、外装色彩計画の方針

住棟の規模・意匠に
合せた分節化を行い
外観の特徴を強化する

時間の経過に耐える
配色を検討し、長く美観の
保たれる景観を形成する

特徴あるエントランス
周りを刷新し、より魅力
ある住環境を形成する

配置の特徴を活かした
配棟配色により、住棟ごとの
適度な識別性を強化する

既存の意匠を活かした
配色により、団地資源の
再生と価値向上を図る

エントランス周りは特徴のある意匠の割に、外壁と同色のため視認性が弱く、経年変化による退色が目立っていました。濃淡の対比を明確にし、エントランスを引き立たせるとともに、汚れや退色が目立ちにくい配色を検討しました。

Color planning, 2018

なぜその色か、の理由を言葉にしてみる

色を選ぶとき、私たちは「なぜその色なのか」という根拠が「どれだけ明確か」という点に重きを置いています。たとえば、特に塗装の場合は、

1. 経年変化に耐えられるか
2. 現況の課題（退色や汚れ等）の解決につながるか
3. 周辺環境に対し、融和的な調和を図るか／適度な対比で刷新性をつくるか
4. 塗装でない部位や既存の色が決まっている部位との色彩的な調和・対比は的確に形成されているか

…等、根拠の元になる「条件」を整理します。この条件は毎回同じように見えて（大筋・骨格はあるものの）、やはりその都度さまざまであり、何を重視するかによって色の選び方が変わってきます。条件はただ抽出・羅列すれば良いというわけではなく、「整理する」というプロセスが必要です。たとえば「退色や汚れを防ぐ」という条件だけを注視してしまうと、「汚れが目立ちにくい色を使えば良い」等と、単純な・一時的な「対応」になってしまいます。複雑に絡み合った条件を整理し、「退色や汚れを考慮しつつ、単調な印象にならないよう形態の変化に合わせて分節化を図る」などとすることで、より適切・的確な選定の根拠が見えてきます。
選定の根拠は「探す」努力が必要です。たとえ「こじつけ」から始まっても、関係者が納得できるような説得力が生まれれば、それは簡単に変更できない根拠となり得ます。選定の根拠とは、必ずしも絶対的な数値基準や定量的な評価である必要はありませんが、条件を整理し「こういう環境を形成するために、この色が適切だ」と示してきたことが、私たちの仕事を支えてくれています。

青とまち

東京・青山にある洋菓子店の外観は、鮮やかで艶やかな青色のタイルが大変特徴的です。こうした素材が持つ色を数値に置き換える行為は、他の建材や周辺との関係性を解くために必要なことと思いつつ、実のところ野暮なことだな、と感じることも少なくありません。特にタイルは質感・形状・モジュール・目地による陰影…などの要素が混然一体となり、独特の表情をつくり出すものなので、そこから「色」のみを抽出して判断したり評価したりすることは難しいですし、そこに意義は見出しにくいものです。
一方では外装建材の色としてはあまり一般的でない、寒色系や鮮やかな色をどうしても外装に使いたい・使う必要がある、という場合。このように素材に「色を持たせる」という方法があるのではないか、と考えることがあります。塗装のように「色の被膜」をつくるのではなく「色を持つ」素材を選定し、量感のある色で鮮やかな・特徴ある外観を構成する——。こうした色を持つ素材の選択により、均一な塗装では表現しづらい、多様な表情や見え方の変化を生み出すことができそうです。

Minamiaoyama, Minato Ward, Tokyo, 2010

この章では、私たちが普段実践している色彩計画のプロセスを「流れ」に沿って整理し、各段階で特に重要な項目を具体的な事例をもとにまとめてみました。

手順は目安ですので、必ずしもこの順序の通りにということではありませんが、全体の「流れ」を意識し、前後のつながりを強固に関係づけることで、「色彩を計画する」ことの意義や効果が見えてくる、と考えてきました。

IX

色彩計画のプロセス

93

色彩計画の進め方

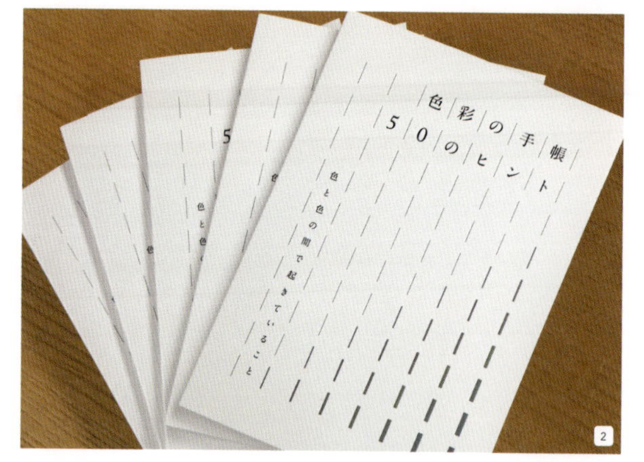

1）乾正雄『建築の色彩設計』（鹿島出版会、1976年）
2）加藤幸枝『色彩の手帳　50のヒント』（私家版、2016年）

プロセスのレシピ化

『建築の色彩設計』(乾正雄著、鹿島出版会、1976年)は入社して間もない頃、確か1993年くらいに読んだ記憶があります。前書きには「若い建築学徒はしばしば色彩という分野に興味をもつ。しかし(中略)大学の建築学科に専門家がほとんどいないし、その結果として、建築色彩の本がまたほとんどない」とあります。出版から40年以上が経過した現在でも、建築における色彩関連の出版物は圧倒的に少なく、状況はさほど変わっていません。

『建築の色彩設計』の細かなデータを用いた内容は、その後の時代の変化にともなう建築や空間設計の多様化、さらに建材の変化等と照らし合わせると、現在では不具合を感じる部分もあります。

一方、そうした時代に対するそぐわなさを差し引いても、この書籍は現在でも大変参考になると思っています。何より、初めに色彩の数量化の必要性を説き、そのデータを元に色彩の効果や調和について記述されている点に信頼を置いています。後半では「色彩設計の手順」が大変丁寧に紹介されており、整ったカラーシステムの中から色を選び、整理していくといった方法論が具体的に明記されています。

私はこの手順を参考に、自分なりのアレンジを加えながら現在の方法論を確立してきました→94。

色彩計画の流れ、はいわば料理におけるレシピのようなもので、今でも実践しながら試行錯誤を続けています。私が提示する流れはあくまで基本であり、どのような対象にも全ての項目が当てはまるわけではなく、色彩計画に携わる方々がその時代にふさわしい方法を考えていけば良い、と思っています。

94

色彩計画の流れ

色彩計画の流れ

1 上位計画の確認

- 自治体の条例や地域のまちづくり方針の確認、分析 →95
- プロジェクトのコンセプトや建築の基本計画も確認

2 計画地周辺の色彩調査

- 計画地周辺の色彩環境を把握するため、外壁色の色彩調査を実施
- 地域特有の特徴的な意匠や素材の有無等も探求
- 郊外型の物件であれば、周辺の自然環境も色彩調査対象となる

3 デザインイメージの抽出

- 物件のコンセプトや色彩調査の資料から、イメージキーワードやカラーイメージを抽出する
- デザインのモチーフとなる意匠や素材を抽出する

4 カラーコンセプトの立案

- 物件コンセプトや建築デザインとの関係性を十分に検証し、プロジェクト全体のデザイン方針を明確にする

5 着彩立面図等によるカラースキムの検討 →96

- 色分けの位置や素材の切り替えなど、建築の形態に沿ったデザインを検証

6 実施計画案の選定・実施計画書の作成

- 素材の質感や形状を活かしたデザインを検討するとともに、アクセントの必要性等、より詳細な検証を行う

景観計画に基づく行為の届出（自治体の届出対象行為に該当する場合） →95

7 現物の見本による色彩検討 →97 →98

- 外装仕上げ材のほか、サッシや手摺等の金属類等、使用する部材はすべて揃えた上で、相互のバランスを調整する
- タイル合わせの塗装や軒天井・樋など、屋外の設備機器類も調整が必要

8 実施段階のデザイン監理

- 施工が進む中で発生する仕様やメーカーの変更、さらに納まり上の問題点については、適宜対応を行う

9 竣工後の評価

- 計画案の通りに色彩デザインが実現されているか、できれば設計者だけではなく、計画の担当者も交えた検証を行う

色を選ぶ•決めるためのシステム設計

左頁の色彩計画の流れは、関係する多くの人々と色彩計画の方法論を共有するための論理的アプローチとして、私たちが長く頼りにしてきたものです。こうした手法は何度も手順を繰り返すことにより身につくものですが、一方では古びてしまわないように都度見直したり、それぞれのボリュームに緩急をつけたり、アレンジを加えることも多くあります。あくまで「決定までの流れが関係者間で共有できているか」を確認することが目的であり、この色彩計画の流れは目安のひとつにすぎません。
色彩を計画する際、対象を前にいきなり色を選定する・案を考えるのではなく、ある方向性を定めた後にカラースキム・カラーシステムを構築することが何より重要だと考えています。「ある方向性」は左頁1～2の調査・分析の部分が担います。周辺との差別化を図る場合においても、この方向性は現状の把握なくしては成り立ちません。
色彩計画で重要なのは5の「カラースキムの検討」です。規模や形状・意匠、材質をいったん抽象化して色票におきかえたものがカラースキム・カラーシステムです。具体のデザインを進める前に、どのような色群を用い、どのような対比や変化を持たせるかといった「その計画で用いる（共通）言語」を選択する作業といえます。カラースキムにより、個々の色同士のつながりや距離感など、まずは全体の構成を組み立てることで色彩調和を把握しやすくなり、さらに数値を目安にすることで対比の程度や周辺環境における見え方の想定も示すことが可能となります。
色彩計画の流れとは、色を選ぶ・決めるためのシステム設計だと考えています。

95 景観計画における事前協議や届出

景観法・景観計画に基づく行為の届出

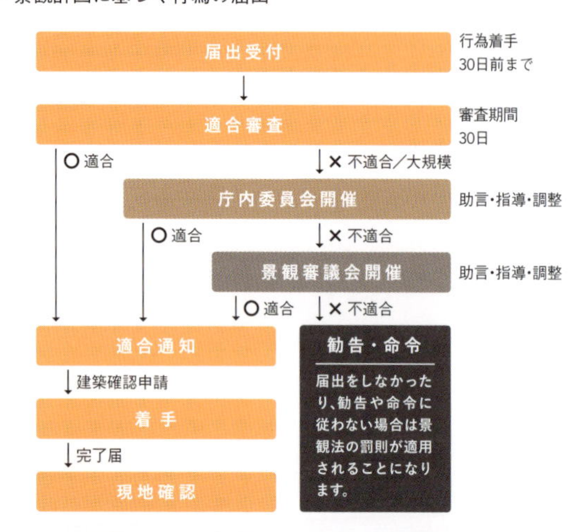

景観計画に基づく行為の届出の一例（甲州市）。
届出の前に事前相談、協議を設けている場合が多くあります。

良好な色彩景観形成のイメージ

× 商品やサービスの内容がわかりにくい商店の外観

○ 落ち着いた基調色とのれんの効果で風情を感じさせるまちなみ

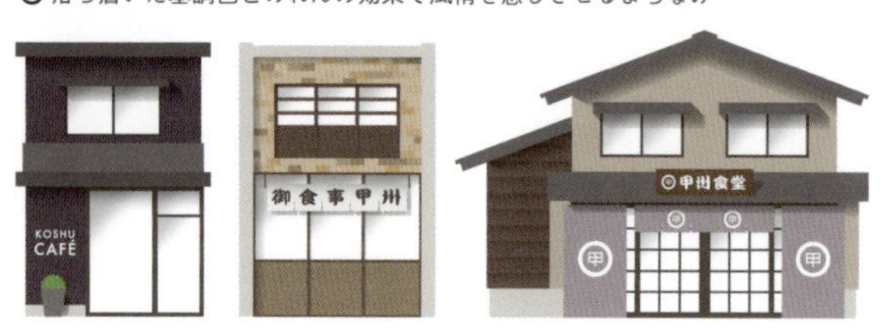

多くの自治体では、ガイドラインや手引きなどを用い、数値だけでは表しにくい「良好な景観形成」のイメージなどを示しながら運用が図られています（甲州市『色彩景観づくりの手引き』（筆者らが業務委託により作成）に掲載の例）。

良好な景観の形成をポジティブに捉える

色彩を計画するにあたり、まずは地域の条例や景観計画を確認・把握することが重要です。2004年に施行された景観法は、行政が景観に関する計画や条例をつくる際の法制度として広く普及しました。私は仕事柄、全国各地の景観計画に目を通す機会が増え、各地域がさまざまな工夫をしながら、数値では表しづらい「良好なまちなみ」の形成を模索されていることを実感します。

一方、行政手続きという側面では「色彩基準に適合しているか否か」が重視され、実際の環境や景観への影響を観察・評価する以前に、机上や書面上での判断に終始してしまっている自治体も少なくありません。実際、事業者や設計者の方から、行政担当者の助言・指導が抽象的でわかりづらい、そもそも数値基準に納得がいかない、という声も多く耳にします。

それでも私は現在のところ、景観法の普及により「著しく既存の環境を阻害し、多くの人が違和を感じる突出して目立つ外装色」が出現しにくくなったことには一定の評価を与えるべき、と考えています。多くの場合は一定面積以下であれば基準外の色も使えますし、理由が明確であれば、景観審議会等に諮問し、専門家の意見を聴取した上で使用を認めていく事例 →74 もあります。

事業者や設計者は事前協議や届出の際、景観計画や景観形成基準の意図するところを読み解き、その設計が地域の景観の質の向上を図り、地域の良好な景観の形成に寄与する可能性をポジティブに提示していくことが重要です。合わせて、行政の担当者に対し「数値はあくまで目安でしかない」ことの解説や、色彩による「良好な関係性」についての対話を続けていく必要があります。そのためにも、数値に対する正しい理解は不可欠です。

96

ストライクゾーンを設定する

団地外壁修繕のカラーシステムの一例

主な部位	5YR	10YR	5Y
• サッシ面壁 • 妻壁 • 階段手摺壁	日塗工 15-75A (5YR 7.5/0.5)	日塗工 19-75A (10YR 7.5/0.5)	日塗工 25-75A (5Y 7.5/0.5)
• 手摺壁 • 妻壁アクセント1	日塗工 15-50B (5YR 5.0/1.0)	日塗工 19-50B (10YR 5.0/1.0)	日塗工 25-50B (5Y 5.0/1.0)
• 基壇部	日塗工 15-40D (5YR 4.0/2.0)	日塗工 19-40D (10YR 4.0/2.0)	日塗工 25-40D (5Y 4.0/2.0)
• 階段中壁	- (5YR 6.0/4.0)	日塗工 19-60H (10YR 6.0/4.0)	- (5Y 6.0/4.0)
• エントランス庇 • 妻壁アクセント2	日塗工 15-40B (5YR 4.0/1.0)	日塗工 19-40B (10YR 4.0/1.0)	日塗工 25-40B (5Y 4.0/1.0)
• アクセントマリオン • 庇　• 玄関扉 • 落下防止庇	日塗工 15-30B (5YR 3.0/1.0)	日塗工 19-30B (10YR 3.0/1.0)	日塗工 25-30B (5Y 3.0/1.0)
• エントランス壁1	日塗工 19-30A (10YR 3.0/0.5)	OR	日塗工 N30 (N3.0)
• エントランス壁2	日塗工 N80 (N8.0)	OR	日塗工 N85 (N8.5)
		ストライクゾーン	
• 玄関扉枠屋根		日塗工 19-30A (10YR 3.0/0.5)	
• 玄関扉内側		日塗工 19-85A (10YR 8.5/0.5)	

上記の計画では、エントランスの壁1について、無彩色とするかウォームグレイとするか、机上の検討では方針が決まりませんでした。検討の段階では「明度3程度の濃色」というところまで絞り込んでおき、2種の見本を作成し最終的な判断を行うこととしました。

素材の特性を活かすための、ズレを吸収する幅

色彩計画は使用色範囲のストライクゾーンを決めること、絞り込むこと。よく、そんな風に考えます。
このストライクゾーンには2つの意味があります。
ひとつは、対象物の色相・明度・彩度の上限・下限について、明確な範囲を設定すること。もうひとつは「ある程度のズレを吸収するための幅を持っておくこと →97 」を意味します。
周辺環境の調査結果を踏まえ、対象物の規模や特徴などを細かく分析し、94 の5～6の段階で使用色範囲を決めていきますが、これはあくまで全体的な関係性を見ながらの、幅を持たせた判断です。ですからひとつの色について、初めからピンポイントで「絶対にこの色でなくてはならない」ということはほとんどありません。
また建材によっては、指定した色が思うように再現されなかったり、素材の特性（光沢感、凹凸感など）により、指定した色とは見え方が異なる場合があります。面白いと思うのは、細かく指示をしてでき上がってきたいくつかの見本を見てみると、自分で想定していたものよりも、もっと色むらが大きいものや暗めに偏ったものなど、少し「あばれ」や「ゆらぎ」のあるものの方が、素材としての存在感が感じられる場合が多々あることです。
建築家の内藤廣氏がある講演会の中で、「私が素材をコントロールするのではなく、素材が私をコントロールしている」と仰られていました。抗うことなく、素材の特性に従う。大変印象に残る言葉でした。塗装の色の出方も含め、素材の特性を十分に理解し、その特性を活かす「ストライクゾーン」を設定することを意識しています。

97

塗装見本の指示の仕方、検証の方法

最も大面積で使用する基調色の検討。
このメーカーの3段階は、やや幅が広めでした。

候補となった「ズバリ」の色と合わせる鉄扉の塗装色を選定。
1色に対し、全ツヤ、五分ツヤの2種を用意しました。

96 のカラーシステム、10YR系の塗装サンプルです。それぞれズバリを基本としつつ、低明度部分ではより中・高明度色との対比が明確になるよう、濃色を選定しています。

Color sample examination, 2019

指定色ズバリとその前後の濃淡を用意する

塗装等、外装の基調となる部分の見本作成に関しては、最近以下のように依頼しています。
外装によく用いられる吹き付け等の場合：

- サイズは600～900mm角程度
- 指定色とその濃淡、計3色（ずつ）

玄関扉や手摺等の鉄部塗装等の場合：

- A4サイズ程度
- 指定色と濃、計2色（ずつ）

「前後の濃淡」といっても、細かく数値を指定するわけではありません。これは数値にしにくい微妙な塩梅なのです。私も以前は「30％程度濃色に」等と指定していましたが、色によってこの言い方では差が出にくかったり、反対に差が大きすぎたりしてしまい、うまい具合に比較用の見本を揃えることができませんでした。ただ最近ではメーカーに「指定色とその前後の濃淡」と伝えると適度に濃淡の差がある見本が出てきますので、まずはそれで試しています。
鉄部塗装等の見本が小さくても良いのは、実際の面積比を考慮した上での判断です。また鉄部塗装等の場合に淡色を指定しないのは、鉄部はフラットで陰影がない分、面積が大きくなると明るく見える（感じる）傾向にあることを、経験から学んできたためです。
現場で最終的に検証したいのは「複数の色や材料を組み合わせた際の見え方」です。理詰めで数値を押さえた、着彩立面図等による検証はあくまで紙面上・理論上のことで、最終的な使用色の検討の際には、最後の「さじ加減」を見極めるための「幅」が必要だと考えています。

98

現場で色見本を比較、選定する際の留意点

Color sample examination, 2017

まずは日陰の散乱光で色を見る

規模の大きな土木工作物等で、視点場が限定される場合を除き、建築・工作物はさまざまな角度から眺められる場合がほとんどです。また日本の団地や集合住宅の場合、居室やリビングを南側にする配置が多く見られ、特に中・高層の住宅になると北側の外廊下や階段室が暗く感じられる、という傾向も少なくありません。さまざまな角度から見られること、ある一定の面が同じような見え方の問題を抱えていること…。色彩計画はこのような特徴に対して「色の見え方の印象」を改善・解決するためのものでもあります。
前項のように塗料メーカーに依頼し、作成された塗装色見本について、まず指定色通りに（ズバリに）再現できているか、次に指定色に対しての前後（濃淡）がどの程度の幅で表現されているかを確認します。後は最も面積の大きな部分から候補色を選び、組み合わせる他の色との対比を比較検討しながら選定を行うのですが、私は常々、まず日陰の散乱光で色を見ることにしています。色（の対比）を見るためには必ずしも良い条件ではありませんが、実際に完成した際、見え方が気になるのは北側であること、また良くない条件で十分な検討を行えば、良い条件（南側・順光）での見え方はおおむね問題ないことが推測できるためです（もちろん、順光での見え方の検証も行います）。
長く色彩の検討を重ねる中で、「いかに違和感をなくすか」ということが色の選定において最も重要なのではないかと考えるようになりました。ある色や色の組み合わせがベストな条件下においてのみ「ものすごく良い」ことよりも、さまざまな角度から見た上で、「こちらの色・組み合わせの方が違和感がない」ことの方を優先しています。

99

単色での判断ではなく、比較して関係性を見る

Color sample examination, Jakarta, INDONESIA, 2018

99

色ではなく「全体の見え方」を選択する

周囲のさまざまな意見を取り入れたり、より多くの人の評価を得ようとすると、どうしても中庸な選択になりがちであるということは、常に意識している部分です。ですが、私は色彩計画において「何よりも優れた個」の存在を追求し続けることと「バランスを取ることによる調和感の形成」とを天秤にかけたとき、同じく苦悩するのであれば後者を選び、より広域に・より長い時間とともに「色が生きる道」を進みたいと考えてきました。
前述のように指定色に対し濃淡に幅を持たせた見本を元に、順光や日陰等、光の状況を変えながら検討を重ね、決定色を選定していきますが、最終的には個々の色を選ぶというよりも「それぞれの色（・素材）が組み合わさったときに生み出される全体の印象や効果」を選択する、ということを意識しています。
つまり、組み合わせの「良し悪し」を判断するために、指定色に濃淡の幅を持たせているのです。比較する対象があることで初めて、判断の「基準」を設定することができ、判断の「根拠」を示すことが可能となります。
うまく言い表せないけれど、何となくこちらの方が良いという判断の裏には、「色彩的な調和感が形成されている」という要因が潜んでいることがほとんどであると考えています。ある程度のところまでは理屈で説明（解明）すべき、という師の教えに従い、そのことを意識して検討・選定にあたっていますが、その際「見え方を比較し、色と色との関係性を語る」ことで、少なくとも自分で説明のつかない＝他者にも説明のできないような選択をすることは避けることができています。

100 色彩を計画する

Kitayoshima, Iwaki City, Fukushima Prefecture, 2018

変わること・変えることをポジティブに捉える

長く色彩計画に携わってきた経験から、ある程度、狙った効果や期待通りの成果が体験、実感できるようになりました。一方、「もう少し対比を強調しても良かったな」とか、他の事例を見て「ああ、あのくらいの色（・配色）も試してみたいなあ」と思うこともしばしばです。
色、特に塗装の良い点は、永久的ではないというところにあるのではないかと考えています。特に私たちが多く手がけている改修は、15～20年という周期で巡ってくる塗装をし直す機会です。私たちはその機会を対象物のみならず周囲の環境をも変えることができる、大きなチャンスだと捉えています。
規模の小さな建物や内装でも同様のことがいえるのではないでしょうか。人の気分（心理）は移ろいやすくもあり、年齢や経験によって感じ方や嗜好が変化する場合も少なくありません。内装などをそのときの状況や、もしかすると気分で、季節に合わせ着替えるように変化させることができたら…。積極的に色彩を選択することに対し、もう少し大らかな気持ちで取り組むことができるのではないかと思うのです。
とはいえ、外観の色彩に関しては多くの人が目にする公共空間に存在し、周囲のさまざまな事象との関係性により見え方が決まるため、何でも好き勝手にすれば良い、というわけではないことを本書では一貫して「ヒント」というかたちでお示ししてきました。本書のヒントから、あるいはいくつかのヒントを組み合わせてぜひ「色彩を計画」してみてください。
色が変われば、目の前の世界が変わることは確実です。その印象の変化、環境の変化を楽しめる状況を、これからもつくっていきたいと考えています。

あとがき

100のヒント、いかがでしたか。「色を使って」みたくなったり、「色を探しに」出かけたくなったりしていただけたら、それだけでもう、大変嬉しく思います。
私は学生時代からのアルバイトも含め、約30年、色彩を扱う仕事をしてきましたが、「はじめに」にも書きましたように、さまざまな環境で仕事をするうち、年々私自身が色を選ぶ・色を決めることよりも、選定の際の考え方や根拠、そしてそれがどのような効果や影響をもたらすのかということを、関係者間で（適切に）共有することが重要なのではないか、と考えるようになりました。なぜその色なのか・その色でなければならないのか。色が単独で存在することはなく、周囲や背景にある色との「関係性によって見え方が決まる」ということを意識すれば、対象としての色の評価や印象よりも「色と色の間で起きていること」が見えてくるはずだ、と考えてきました。
対象とは時に厄介なものです。恋愛対象、に置き換えれば、夢中な時は日夜その人のことばかり考えてしまうことが想像できます。けれども、対象であるその人との「関係」を想うとき、そこには自分と相手との距離感や間合い、会話の密度など目に見えない空間・時間が存在し、それが蓄積され溶け合うことで、二人の間に「関係性」がつくられていく、と例えることができます。

相性の良し悪しもありますから、すべてが関係性の見極めによってうまくいく、とはもちろん限りません。それでも私は、「何かと何か（色と色・人と人・人とモノ…等々）の間で起きていること」をじっくり・丁寧に・しつこく観察することで、そこに起きている現象性や何かと何かが影響しあう状況を見続けていきたいと思っています（ああ、こんな例えで伝わるのかな…）。
本書の執筆にあたり、日々の業務に追われる中、大変多くの友人・知人に励まされ、背中を押していただきました。この場を借りて、ご協力いただいた皆さまに心よりお礼を申し上げます。中でも、出版社からの書籍化の話をご紹介してくださったEAUの田邊裕之さん、そして学芸出版社編集担当の神谷彬大さんには、本書の企画段階から大変熱心にご助言をいただき、順序や頁ごとの関連に奥行きと厚みが生まれました。このお二人のご尽力がなければ、本書を書き上げることはできなかったと思っています。本当にありがとうございました。また、多様なテキストや写真・図版をわかりやすく・美しく整えてくださったデザイナーの伊藤祐基さんにとっては、本書が初の書籍デザインとなります。『色彩の手帳』でデビューを果たしていただけることもまた、大変嬉しい限りです。
書籍化のお話をいただいてから約２年が経過してしまいましたが、こうして100のヒントとして、私の経験や体験を多くの方に伝えることができますこと、心よりありがたく、また嬉しく思います。学術的な正しさ、というよりは「より適切に」意味が伝わるよう言葉を選び、何度も書き直した項目も少なくありません。
そして読まれる方の経験や知識によっては、異なる解釈や評価があって然るべき、と考えています。私はこれから本書を携え、ぜひ皆さんの多様な解釈に触れてみたいと考えています。色彩・配色がつくり出す効果や影響について、そしてそれらがつくり出す魅力あるまちなみについて、ともに考え、実践して参りましょう。

2019年8月吉日
色彩計画家　加藤幸枝

参考──測色結果のまとめ

本書に掲載したマンセル値を、色の系統ごとに整理したものです。
頁ごとに、左上から右下へ、明度・彩度が低くなるように並べています（見かけの色であるガラスや、面積が微小なシールなどは除いています）。

こうした比較は①近似・類似色の発見／②用途や規模、立地環境の違いによる同系色の見え方の差異／③同明度色の彩度の違い、同彩度色の明度の違いによる見え方の差異などの検証に役立てることができます。

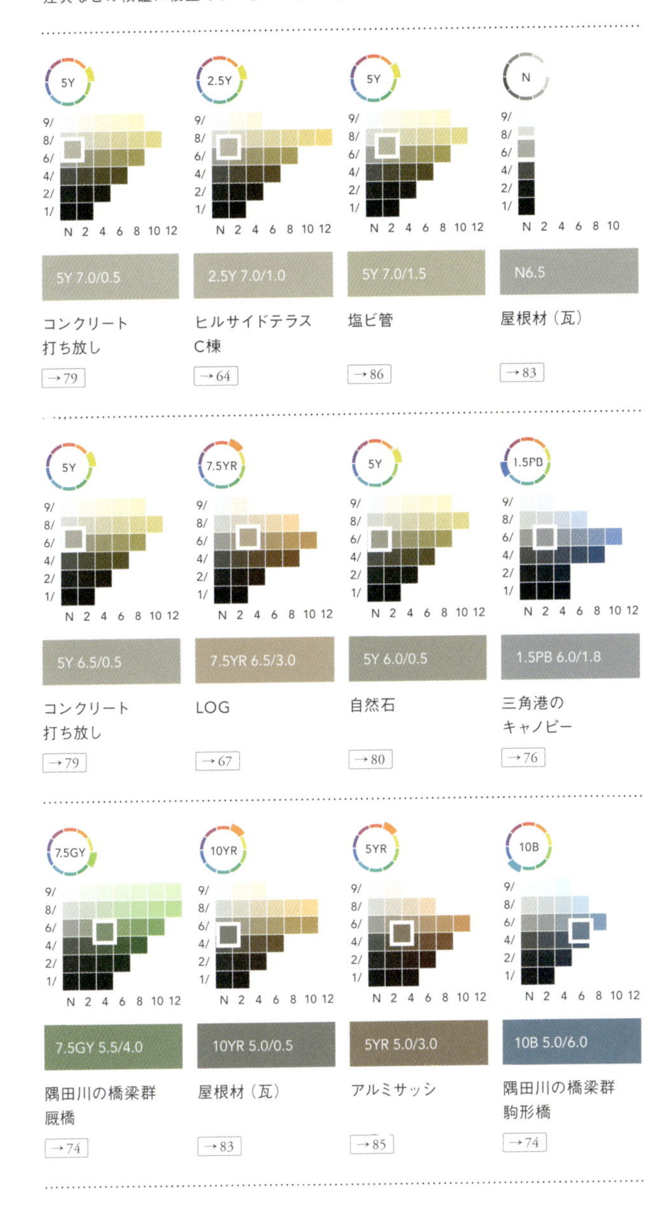

これらはもちろん、サッシなどの線材と大規模な建築物を同一に扱うべき、ということではありません。「色という要素のみ」を抽出し比較することにより、その色が持つ特性やもたらす影響・効果の発見につなげていきたいと考えています。

参考——測色結果から読み取れる情報

Part2 VI「目安となる建築・土木の色とその値」および VII「目安となる素材の色とその値」に掲載したマンセル値を下記の「マンセル色度図」（46 も参照）というグラフにプロットしてみました。
建築や工作物はさまざまな地域のものであり、ここから読み取れる傾向を一概に計画や検討の方針にすることはできませんが、それでも、こうして色を並置し比較をしてみると、それぞれの用途や領域に用いられる色域には、なにがしかの特徴が見えてきます。

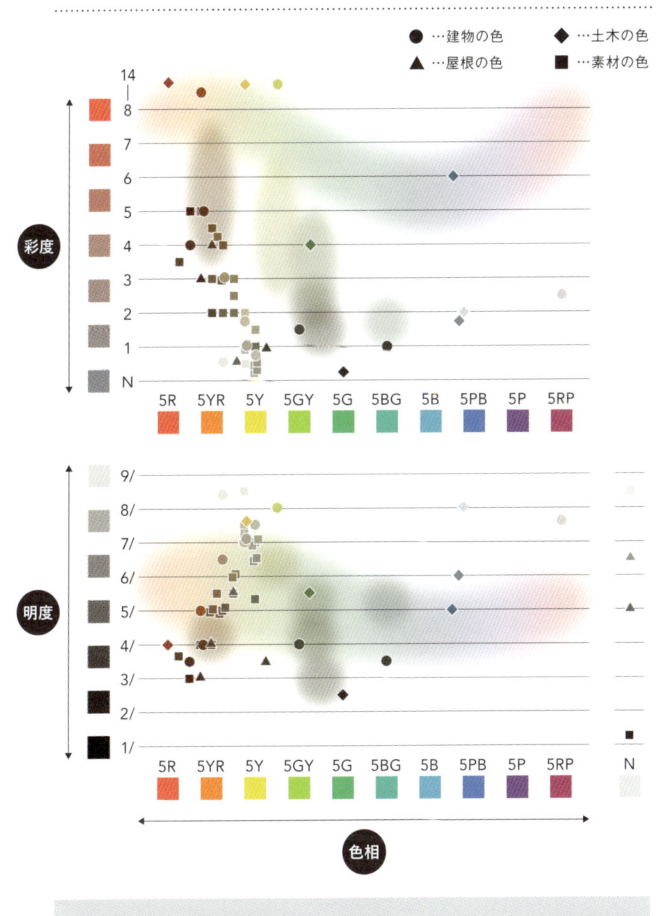

考察

1. 建築物の色（●）と素材の色（■）は近似しており、YR〜Y系の暖色系低彩度色（彩度5程度以下、Y系ではより低彩度の2程度以下）に集中している。
2. 建築物の色（●）の方が素材の色（■）よりもやや彩度が低い傾向が見られる。
3. 土木の色（◆）は建築物の色に比べ特に色相・彩度の分布に幅がある。

＊ プロット図では建築物で素材を測色したもの（木材等）は素材の色（■）として表記しています。

撮影

01… 小島剛（TOKYU LAND ASIA PTE.LTD.）
25, 60… 鈴木陽一郎（+tic）
39… 片岡照博（株式会社コトナ）
81（右下）… 画像提供：富岡市
100… 松崎直人

※上記以外はすべて筆者撮影

色彩計画協働

100… 株式会社山設計工房（設計・監修）

作品制作協力

60… 鈴木陽一郎・鈴木知悠（+tic）
磯部雄一（Dear Native Co.,Ltd.）

参考文献

建築と色彩、設計の方法や論考

・乾正雄『建築の色彩設計』
（鹿島出版会、1976年）

・菊地宏『バッソコンティヌオ　空間を支配する旋律』
（LIXIL出版、2013年）

・長谷川章他『色彩建築 モダニズムとフォークロア』
（INAX出版、1996年）

色彩論の基礎や配色について

・アルバート・H・マンセル著、日高杏子訳『色彩の表記』
（みすず書房、2009年）

・ヨハネス・イッテン著、大智浩訳『色彩論』
（美術出版社、1971年）

・ジョセフ・アルバース著、永原康史監訳、和田美樹訳
『配色の設計　色の知覚と相互作用』
（ビー・エヌ・エヌ新社、2016年）

色の歴史や文化に触れる

・布施英利『色彩がわかれば絵画がわかる』
（光文社、2013年）

・フランソワ・ドラマール、ベルナール・ギノー著、柏木博監修
『色彩―色材の文化史』
（創元社、2007年）

加藤幸枝（かとう ゆきえ）

1968年生まれ。色彩計画家、カラープランニングコーポレーションクリマ代表取締役。
武蔵野美術大学造形学部基礎デザイン学科卒業後、日本における環境色彩計画の第一人者、吉田愼悟氏に師事。トータルな色彩調和の取れた空間・環境づくりを目標に、建築の内外装をはじめ、ランドスケープ・土木・照明デザインをつなぐ環境色彩デザインを専門としている。
色彩の現象性の探求や造形・空間と色彩との関係性の構築を専門とし、色彩計画の実務と並行し、色彩を用いた演習やワークショップ等の企画・運営、各種団体の要請に応じたレクチャー・講演会等も行っている。
近年は景観法の策定にあわせ、全国各地で策定された景観計画（色彩基準）の運用を円滑に行うための活動（景観アドバイザー、景観審議会委員等）にも従事している。2011年より山梨県景観アドバイザー、2014年より東京都景観審議会委員および同専門部会委員、2017年より東京都屋外広告物審議会委員等を務める。

色彩の手帳　建築・都市の色を考える100のヒント

2019年　9月 20日　初版第1刷発行
2024年 11月 20日　初版第4刷発行

著　　　者　加藤幸枝

発　行　者　井口夏実
発　行　所　株式会社学芸出版社
〒600-8216
京都市下京区木津屋橋通西洞院東入
電話番号　075-343-0811
http://www.gakugei-pub.jp/
E-mail info@gakugei-pub.jp

編 集 担 当　神谷彬大

装丁・紙面デザイン　伊藤祐基
印 刷 ・ 製 本　シナノパブリッシングプレス

 ISBN 978-4-7615-2714-3　Printed in Japan